软装篇

数码创意　编著

健康家装 200 招

中国电力出版社

CHINA ELECTRIC POWER PRESS

内容简介

　　本书向您介绍了家装过程中应用最为广泛、最受人们关注的软装元素，全书分为沙发及其布艺品装饰、窗帘布艺品装饰、地毯织物布艺品、床上用品、装饰画和艺术品、绿色植物、餐桌上的饰品与餐具七个章节，详细地讲解了家装过程中软装元素从选购、布置到搭配、装饰等多个方面的知识和相关技巧。

　　本书挑选了大量精美的案例图片，辅以简洁文字的释义；通过文字的详细阐述，向您介绍了健康家装过程中如何正确应用软装元素。本书的内容精彩、讲解详尽，具有很强的指导性和实用性，适合专业家装设计人员和普通家装爱好者阅读与参考。

图书在版编目（CIP）数据

健康家装200招. 软装篇／数码创意编著. —北京：中国
电力出版社，2013.8
　ISBN 978-7-5123-4208-8

　Ⅰ.①健… Ⅱ.①数… Ⅲ.①住宅－室内装饰设计－图集
Ⅳ.①TU241-64

中国版本图书馆CIP数据核字（2013）第054975号

中国电力出版社出版发行
北京市东城区北京站西街19号　　　100005　　　http://www.cepp.sgcc.com.cn
责任编辑：曹　巍　　葛岩明
责任印制：蔺义舟　　责任校对：郝军燕
北京盛通印刷股份有限公司印刷·各地新华书店经售
2013年8月第1版第1次印刷
635mm×965mm 1/12·10.5印张·176千字
定价：32.00元

前言
PREFACE

人们的生活水平不断提高，居住条件也在不断的改善，随着家装理念的不断创新与发展，人们开始更多地关注家装是否科学与合理，居住的环境是否健康。

众所周知，软装元素在家装的过程中占有举足轻重的地位。而如何正确地选购、布置各式软装元素，如何利用软装元素打造舒适、健康的居住环境，是人们在家装过程中经常会遇到并努力解决的问题之一。通过对本书的仔细阅读，您将会得到合理的答案。

《健康家装200招——软装篇》主要介绍了在家庭装修过程中软装元素选购、搭配与布置、装饰等方面的知识，针对目前最受欢迎、使用最普遍的软装元素，全书从沙发及其布艺品装饰、窗帘布艺品装饰、地毯织物布艺品、床上用品、装饰画和艺术品、绿色植物、餐桌上的饰品与餐具七个章节详细地讲解在软装修过程中要注意的事项以及细节上的处理技巧。本书采用图文并茂的形式，用简洁凝练的语言释义四百余张精美的案例图片，全书的内容丰富，结构清晰，具有非常强的实用性和指导性。不仅适合正准备装修的家庭主人和普通的家装爱好者，而且对于专业的家装设计人员也有一定的启迪、引导作用。

本书由新知互动策划并参与编写，因为作者水平有限，书中难免有疏漏之处，敬请广大读者及专业人士给予真诚的批评指正。

目录
CONTENTS

● 健康家装200招——软装篇

前言

① 沙发及其布艺品装饰

③ 地毯织物布艺品

4 床上用品

5 装饰画和艺术品

6 绿色植物

7 餐桌上的饰品与餐具

CHAPTER ❶
沙发及其布艺品装饰

　　如果不想让沙发太过严肃，那么就要在沙发套和抱枕等布艺品的颜色和样式上多下些工夫。本章为您介绍的就是如何选购沙发和怎样选择、搭配沙发上的布艺品，以及相关的清洗、保养方法，使您的客厅永远给人一种新鲜感。

① 布艺沙发外观及感官要求

　　布料沙发面料拼接的图案应完整，绒面的绒毛方向一致，面料应无明显色差，无落毛，无划伤，无色污、油污及残点。

一套精制的布艺沙发，不应出现任何不该有的皱纹或褶痕，尤其是在接缝和角落的位置，更应该避免这些缺陷的存在。

② 布艺沙发使用纯棉面料最好

　　纯棉面料的布艺沙发环保舒适。其优势在于，第一，这样的布料密度较高，很耐用，不容易出现褶皱或者破损，使用周期比较长；第二，纯棉面料自然环保，很贴近人的皮肤，坐上去柔软细腻，坐感舒适。

布艺靠垫布置在沙发上，既点缀了整体的效果，又能很好地调节人的坐姿，增加舒适感。

深蓝色的靠垫与原木色的沙发明显区分开来，起到了点缀、装饰的作用，这样随意地摆放才能显示出舒适感。

❸ 混纺面料沙发的购买与清洗

棉料与化纤材料混纺，可以呈现出或丝质，或绒布，或麻料的视觉效果，但花型和色彩都不够自然纯正，价格也比较便宜。

如果选择混纺面料的沙发，不能一味贪图便宜，因为劣质布料可能会威胁皮肤健康。购买时注意查看布料成分，棉质所占比例越大越好。

混纺面料很容易打理，可以直接放进洗衣机水洗，不会缩水，不会起褶皱。但是如果质量不好，有可能出现褪色等问题。

卡通布偶的摆放瞬间为居室增添了几分童趣和欢乐，加上其他装饰品的搭配，更显个性。

没有抱枕的衬托，沙发便会显得过于单调，使用几个图案复杂的抱枕搭配，即可使房间充满趣味。

选择沙发面料的质地时有一定的要求，应避免在灯光的反射下产生刺眼的效果。

④ 麻料布艺沙发的购买与清洗

麻料布艺适合使用在户外环境的沙发、坐椅上，通常经过防水处理，给人素雅、质朴、贴近自然的感觉。其质感紧实而不失柔和，软硬适中。

在选择麻质材料时，麻的白色、本色是最好的。表面是否平整，有没有线头或者接口，都是选用麻料的重要考核标准。由于麻料的缩水率非常高，因此在购买时要询问清楚，布料是否经过长时间浸泡，作了预缩处理。

由于布料表面有缝隙，需要经常吸尘，以去除边角、织物缝隙内的灰尘。为了尽量避免缩水，建议送专门的洗涤店干洗。

⑤ 绒布布艺沙发的购买与清洗

绒布面料沙发是布艺沙发的"老传统"，只不过是从过去的灯芯绒，到现在的麂皮绒，沙发在俗艳和雅致中变换着身份。绒布沙发售价贵，最好的绒布光泽度好，手感舒适，有种低调的高贵奢华。

选择绒布面料可采用两种方法：① 手摸，轻柔滑顺，有绸缎细腻的质感；② 眼看，在灯光下，反射出淡雅光泽，用色柔和均匀，整体感强。

绒布面料在布艺沙发中属于比较高档的选材，因此，最好能够坚持每两个月吸尘一次，每十个月做一次专业干洗。

⑥ 布艺沙发的拆洗

目前，市场上90%的布艺沙发都可以拆洗，使用起来非常方便。但是也有一些与木料组合的美式布艺沙发，或者包裹严密的整体布艺设计，没办法拆卸下来清洗。不过，这些款式所采用的布料一般都经过防尘、防污、防水处理，耐脏耐用，只需要每年用泡沫布艺清洗剂简单擦拭就可以了。

⑦ 应对布艺沙发布套缩水的方法

布艺沙发经常出现清洗后缩水的问题，有的布料就算缩水率很低，经过拆洗也容易变形。如果布套已经缩水，那么只能通过熨烫的方式稍微缓解。建议在购买布艺沙发布套时，尽量挑选经过预缩处理，或者质感厚、密度高的布料，例如提花面料等，这些面料缩水率比较低，不容易发生变形。

⑧ 布艺沙发要注意吸尘去湿

沙发要保持干爽，对于布艺沙发来说，在潮热天气里更要注意吸尘去湿。优质的布艺沙发，可以用专门的吸尘器将其表面的灰尘全部吸净，在潮湿的空气里还可以用风筒轻吹沙发，以排除里面的湿气。

布艺沙发的布套和靠垫抱枕使用同样材质、同样颜色的面料，形成了很强的整体感，同时也带给人们高贵感和舒适享受。

花色的沙发配以不同花色的地毯，使这个休息点看起来与众不同，不仅耐看，而且表达了主人热爱生活的态度。

❾ 布艺沙发要防晒

　　强烈的阳光直射会使织物褪色，而且阳光的热量会破坏织物中纤维的强度，这种变化只需几个月就能看得出来。其程度取决于纺织品放置的位置、纤维的类型、织造方法和纺织品受保护和保养的程度。因此，沙发应搬离阳光直射处，使用窗帘隔光也可减轻光照伤害，如果再加一层遮阳帘，会有更好的效果。

麻料的沙发面料虽然看起来粗糙，却能给人一种自然大气的感觉，适合不拘小节的人。

❿ 布艺沙发的污点要在刚产生时立刻处理

　　切记布艺沙发的污点要在刚产生时立刻处理。污点在织物上保持时间越长，就会越难清除，甚至连专业清洁人员也不易处理。沙发太脏后，最好请专业的保洁人员来清洗，中高档的沙发每年需要洗一次。

以绿色作为底色，加以黑色花纹的抱枕设计，给人一种清新的感觉。

黑白条纹的布艺抱枕，简洁大方，是一种百搭的抱枕款式。

11 如何识别黑心棉

优质的棉花色泽洁白，手感良好，轻轻拉开的时候有一定的弹性，而"黑心棉"看上去有杂质，手感粗糙。优质棉花燃烧时无刺鼻性气味，而"黑心棉"则有明显的刺鼻气味。如果棉胎是由化学纤维制成的，那么其原料应该是由化纤厂生产出来的。这种正常的化学纤维一般色泽均匀，有一定的长度（通常为20毫米），没有过多粉尘，弹性较好，没有异味。如果棉絮颜色杂，甚至含有纱头和碎布，很可能是用工业废料经二次加工生产的劣质"黑心棉"。

12 不同面料沙发巾的特点

沙发巾的面料若是纯棉印花布，有吸汗的优点；棉质加上化学纤维的布料，不易起褶；提花布的触感比较柔软舒适，不过必须要干洗，才不会缩水变形。

13 靠垫装饰居室的好处

靠垫是卧室内不可缺少的织物制品。它使用舒适并具有其他物品不可替代的装饰作用。用靠垫来调节人体与座位、床位的接触点能够获得更舒适的角度来减轻疲劳。靠垫使用方便、灵活，便于人们用于各种场合环境，如卧室的床上、沙发上等。在地毯上，人们还可以利用靠垫直接当作坐椅。靠垫的装饰作用较为突出，通过靠垫的色彩及质料与周围环境的对比，能使室内家具所陈设的艺术效果更加丰富多彩，活跃和调节卧室的环境气氛。

如花瓣般簇拥在一起的靠垫布艺品不仅装饰着沙发，更能给主人带来舒适的生活享受。

⑭ 怎样呵护布艺饰品

　　布艺饰品的美化效果不言而喻，但其维护却容易被大家所忽视。布艺饰品多是纤维织物，最忌烟火，一点火星儿，小则烧穿成洞，大则引发火灾，所以一定不要靠近易燃物品设置。另外，化学物品也易造成纤维织物变色或被污染，且无法清除干净。吊环、帘杆等金属物的表面也必须光洁，以免刮坏织物表面。

⑮ 沙发及其靠垫、抱枕的搭配

　　在色彩搭配上可以采用不同纯度整体谐调的方法。深色沙发在搭配靠包时，应选择颜色较浅的靠包，并考虑选择邻近色或同类色系，这样组合看起来更加谐调。为了避免单调，可以选择有花纹、有变化的同类色系靠包，这样看上去不但活泼，而且时尚。

⑯ 营造轻暖温润的休闲角落

　　高级的浅灰色是可以和任何颜色搭配的基础色，想要营造出柔和舒适的环境，可以选择纯度不太高的暖色调靠包来搭配。暖色调可以提升室内的温暖指数，而适当的中灰色度可以缓解视觉疲劳。在色彩比例方面需要注意的是，虽然暖色可以温暖环境，但是过度使用会造成"燥热"的心理。

提示

　　同色靠包可采用图案出彩，在选择同类色系靠包时，要避免选择与沙发颜色过于相近的色彩，以免造成沉闷的效果。而有图案效果的靠包往往能以其丰富的色彩起到调节的作用，增加视觉的亲和力。

　　红色的条纹抱枕，放在沙发上能够提亮客厅的色调。

　　小巧的方形抱枕，稳重的灰、褐、黑三色的搭配，有一种水墨山水画的润色效果。

　　嫩黄色与浅绿色的搭配，很好地带动了空间的气氛。

17 华丽搭配突破单一色彩

华丽的色彩布置往往能起到事半功倍的装饰效果，例如，在宽敞的客厅中布置了亮灰色的窗帘，成熟稳重的灰色墙面，再通过沙发、抱枕等搭配几件华丽的装饰品，寥寥数笔的简单布置，便能把客厅装扮得极为精致、美观。

粉红色的沙发娇俏可爱，更具温馨气息，很适合年轻一族布置在客厅之中。

(18) 创造时尚动感

　　要想通过沙发及其布艺品创造时尚动感的居室空间，在色彩搭配上可以采用拉伸层次追求动感的方法，也就是采用较为单纯的搭配手法，利用黑、白、红色的鲜明对比，将居室空间的层次拉伸开，用三种最分明的色彩形成视觉上的强烈对比。选择更加纯粹的色彩，能增加视觉的冲击力，也营造出了时尚、新锐的潮流感。沙发上靠垫、抱枕的色彩与地毯、装饰品、墙面等呼应，使得原本单纯的装饰手法显得并不简单，而且还活力十足。

　　选择造型简约并且设计经典的沙发装饰品也是创造时尚动感空间的关键。大面积的纯色沙发与其他的装饰品无论从色彩上还是造型上都能形成呼应，黑色提花靠垫或抱枕比普通的黑色布艺品更加耐看，也提升了品位，而白色靠垫、抱枕的绒面质感也显得与众不同。

亮点色便是杂乱的粉红色，墙面、吊灯、抱枕皆可体现，搭配较好，可见主人的品位与独到的眼光。

沙发是一种图案，抱枕是另一种图案，却也搭配得很谐调，给宁静的客厅带来一抹生动的色彩。

黑色的木质沙发，搭配布艺品上涂鸦的混合色，非常艳丽，也很亮眼，无疑改变了气氛。

⑲ 和谐统一，营造优雅意境

居室环境和氛围的营造单靠家具的一己之力是远远不够的，即使再加上精美的窗帘相助，空间也还是略显单薄。此时，和窗帘花纹基本统一但又有巧妙变化的沙发和靠垫布艺品才是振奋居室的良药。如此一来，空间既清淡又不单调，有一种宁静致远的优雅。

拉伸层次追求动感的色彩搭配手法最适合简洁风格的小客厅，沙发附近鲜明的色彩对比能将人们的视线重点转移到装饰上，从而弱化原本过小的客厅面积。同时，那些有设计感的装饰品无需过量点缀，一两件便可成为经典。

20 和而不同，出落理性贵族风范

欧式的复古主义现在远比它的倡导者路易十四还要声名远扬。例如，古典风格的欧式沙发以其华丽而精致的装饰和优雅的线条设计而备受人们钟爱，用它们布置居室空间，能营造一种贵族的风范和奢华的氛围，为人们创造享受生活的空间。

21 玩尽花样，点亮素雅空间

很多人不喜欢夸张艳丽的沙发，而崇尚简单舒适的款式，但颜色太过素雅会给空间一丝冰冷的感觉。条纹、贝壳以及一些难以名状的图案在白色的沙发上随意地展示着各自的魅力，可有效地点缀空间，却没有夸张色调的挑衅。

白色底色，粉色花样，能让冷静的客厅变得雅致生动，不再单调。

藕荷色的底色点缀白色的图案，沙发不再单调，而且很优雅，搭配木质框架十分和谐。

 提示

简单的白色布艺沙发怎么能够满足当下追求个性和时尚的年轻人，又究竟是谁在恪守所谓的色彩搭配原则。你尽可以在自己的小天地里打破一切约定俗成，不落窠臼地用最为鲜亮的颜色装点沙发，跳跃的色彩拼接，后现代主义的图案，仅仅一个靠垫就够个性。

浅绿色的沙发，墨绿色的靠垫，生意盎然的色彩充满春天的气息。

22 构成反差，强烈的视觉冲击

每一间客厅都会注重墙面、沙发和茶几的布置与装饰，这些也是客厅布置的重中之重。在茶几、沙发以及墙面之间采用对比、反差的手法来布置，有时会有非常震撼的视觉效果，这种对比和反差不仅体现在颜色上，还包括风格、造型等方面。

暗红色绒面的布艺搭配浅色精致的刺绣式样，让人一下子便会喜欢上这个精巧的角落。

23 色彩联合，打造季节特色

如果居室常年一成不变的话会让生活失去新鲜感，随着季节而改变空间的颜色是个不错的方法。在草长莺飞的春天，在烈日炎炎的夏日，准备各种色彩的靠垫和抱枕装饰沙发，利用色彩搭配出不同的感觉。

不同图案的小拼布抱枕，温馨柔美的颜色给沙发增添了一抹靓丽。

24 缤纷绚丽，改造暗色沙发

　　也许你一时失手又或是一时冲动买了一张过于暗淡的沙发，整个居室顺势变得老气横秋。先别急着郁闷纠结，你只需要用一连串色彩跳跃缤纷的沙发垫，来一场色彩的较量，让明亮的、图案丰富的靠垫赶走暗色沙发的沉闷和老气。

　　暗橘色的沙发并不会让人觉得刺眼，更多的是秋天的味道，配以干花的装饰，很有情调。

　　复杂的花色中透露出的是一种田园的风情，简朴中带着一丝自在的味道，与室内的主色调十分相称。

CHAPTER **2**
窗帘布艺品装饰

　　窗帘在微风的吹拂下飘逸飞舞，是否会给您一种灵动的感觉？本章为您介绍的便是如何给居室选择合适的窗帘，以及布置窗帘过程中的一些注意事项。让窗帘不仅起到遮光挡风的作用，也能为室内的整体风格起到一定的装饰作用。

❶ 窗帘要因地制宜选款式

近几年，新建商品房的户型变化非常多，窗户也多种多样：卧式窗，短而宽，是现代住房中的一种典型窗户，如果没有深窗台或散热器，选用落地帘效果会更好；观景窗，装有大块玻璃，面积大，用布多，很有必要使用带有拉绳等机械装置的重型帘轨；双窗，一般来说，装饰时最好把它们当作一个整体来处理。

❷ 不同朝向选窗帘有讲究

　　对于不同朝向的窗子，窗帘的选择也是不同的，如果搭配时弄错，就达不到理想的效果，下面我们就简单介绍不同朝向的房间如何选窗帘。

　　东窗：东边的窗帘要能为早上醒来的主人准备柔和的光线，使其避免受到耀眼阳光的刺激，享受一天里第一缕美好阳光。因此，可以选择具有柔和质感的百叶帘和垂直帘，它们具有纱一样的质感，并能通过淡雅的色调调和耀眼的光线。

　　南窗：一年四季都有充足的光线，是房间最重要的自然光来源。炎热的夏季，自然光含有大量的热量和紫外线，因此，目前比较流行的日夜帘是个不错的选择。白天，展开上面的帘，既能透光，又能将强烈的日光转变成柔和的光线，还能观赏到外面的景色；拉起下面的帘，强遮光性和强隐秘性让主人在白天也能享受到漆黑夜晚的宁静，满足全天的光线环境。

　　西窗：强烈的阳光会使房间温度增高，尤其是炎热的夏天，窗户经常关闭，或予以遮挡，所以应尽量选用能将光源扩散和阻隔紫外线的窗帘，给家具一些保护。百叶帘、风琴帘、百褶帘、木帘和经过特殊处理的布艺窗帘都是不错的选择。

　　北窗：北向的窗户透过的光线十分均匀和明亮，是最具情调的自然光源之一。为了使这种情调能够充分保留，百叶帘、布质垂直帘和薄一点的透光风琴帘、卷帘以及透光效果好的布艺窗帘，都是比较好的选择。

红色的墙面很容易拉近距离，搭配浅棕色的格状窗帘，亲近之感油然而生。

提示

窗帘的宽度尺寸，一般以两侧比窗户各宽出10厘米左右为宜，底部应视窗帘式样而定，短式窗帘也应长于窗台底线20厘米左右为宜，落地窗帘一般应距地面2~3厘米。

简洁的室内摆设，餐桌、椅子、吊灯、壁画、窗帘，一目了然，简约而大气。

❸ 如何选择窗帘的颜色

　　因为窗帘在居室中占有较大面积，而且是在最亮的地段，所以选择时要与室内的墙面、地面及陈设物的色调相匹配，以便形成统一和谐的美。例如，墙壁是浅蓝色，家具是浅黄色，窗帘宜选用白底蓝花色；墙壁是白色或淡象牙色，家具是黄色或灰色，窗帘宜选用橙色；墙壁是黄色或淡黄色，家具是紫色、黑色或棕色，窗帘宜选用黄色或金黄色；墙壁是淡湖绿色，家具是黄色、绿色或咖啡色，窗帘以绿色或草绿色为佳。

④ 考虑季节因素选择窗帘的质地

选择窗帘面料质地还应考虑季节因素。夏季窗帘宜用质料轻柔的纱或绸，透气凉爽；冬天宜用质厚的绒线布，厚密温暖；花布窗帘四季皆宜，但尤以春天活泼明快。

⑤ 布料的选择取决于对光线的需求量

布料的选择还取决于房间对光线的需求量。光线充足，可以选择薄纱、薄棉或丝质的布料；房间光线过于充足，就应当选择稍厚的羊毛混纺或织锦缎来做窗帘，以抵挡强光照射；房间对光线要求不是十分严格，一般选用素面印花棉质或麻质布料最好。现在大多数业主都采用双层帘，根据不同季节和光线交替使用，比如布帘后附加一层遮光布，薄厚任意选择，可随时取挂，方便而实用。

窗帘和沙发的完美搭配，使室内更显奢华，仿欧式的搭配古典而高雅。

餐厅的设计古典优雅，搭配白色的丝质窗帘，更有文化韵味。

黑金色的窗帘在白色的室内显得别具一格，与家具黑色的边框形成呼应，再配以白色的纱帘，更显华贵。

❻ 根据房间的功能选择窗帘的质地

在选择窗帘的质地时，首先应考虑房间的功能，如浴室、厨房就要选择实用性较强而且容易洗涤的布料，该布料要经得起蒸汽和油脂的污染，而且风格力求简单流畅；客厅、餐厅可以选择豪华、优美的面料；卧室的窗帘要求厚重、温馨、安全；书房窗帘则应透光性好、明亮，采用淡雅的色彩，使人身在其中神清气爽、头脑冷静，有利于提高工作与学习效率。

客厅需要有阳光的照射才会富有生气，丝质的窗帘既起到装饰作用，又可以让一部分阳光照射进来，是不错的选择。

 提示

有些木制窗帘会使用黏合剂，容易造成室内污染，有小孩、老人或孕妇的家庭要谨慎选用。

❼ 儿童房布艺软装用纯棉制品

制作窗帘的材质有很多种，但是要注意每个空间的独特性，儿童房间的窗帘最好就选用纯棉制品，以加大透气性和舒适性，给孩子们提供一个舒适、温馨的生活环境。

蓝色的窗帘装饰了空间一角，与沙发、抱枕的色彩搭配给人一种宁静的舒适之感。

❽ 老人住室可选用什么样的窗帘

选择好窗帘对于老年人的身体健康、美化老人居室有很大作用。老年人房间的窗帘布置，要从三个方面考虑。一是窗帘的布料，二是窗帘的颜色和花纹，三是窗帘的款式。

通常来说，双层的窗帘更适合老人。一层轻薄的纱帘，可以在白天拉上，适当调节室内亮度，使老人的眼睛免受强光刺激。另一层用棉质厚布帘，透气性较好，并能保证一定的保暖性，特别是晚上，可以避免老人受凉。同时，厚重的窗帘能营造静谧环境，有利于睡眠。

由于老人的眼睛不像年轻人那么敏锐，怕刺激，窗帘的颜色不能太暗也不能太亮。比如，黑色的太暗，容易使居室看起来阴暗，影响老人情绪；白色和红色的太亮，容易晃到眼睛。一般以深蓝色的窗帘为宜。

窗帘的花纹以简洁清晰为主。花纹最好是条纹状的、素雅的、深浅颜色相互搭配的，不要选用那些花哨的、花纹弯曲度太大或过于复杂的窗帘，容易导致老人眼花。

秋季的花色图案窗帘给房间带来一股田园风，再搭配原木的墙面与家具，更显真实。

提示

家居装修的风格繁多，如现代中式、古典中式、现代欧式、古典欧式以及时尚式和休闲式，家居装修风格各异，窗帘的设计理念和艺术构思也有许多不同。在中式设计中，将中国传统文化与现代简洁、时尚风格相结合进行重新演绎；在欧式设计中，将欧洲传统追求富丽与浪漫的思想与中国崇尚端庄典雅、古色古香的家居风格相结合进行中西合璧的演绎。欧式窗饰在选料和造型方面融入了浓郁的异国情调，沿袭欧洲古典主义和后现代主义的风格，让那些怀旧而婉约的思绪肆意流淌，品味典雅、浪漫而温情的时尚生活。

鲜艳的红色与墨绿色的搭配让这个客厅看起来很别致，充满热情的生命力。

⑨ 购买百叶窗的技巧

　　在选择百叶窗时，可以先触摸一下叶片是否平滑，有没有毛边，然后将帘子挂平试拉，看看开启是否灵活，最后转动调节杆，检查叶片翻转是否自如。

⑩ 家居窗帘隐藏"毒素"

　　在纺织生产中，为了改善织物的抗皱性能，提高纺织品的防水性能、耐压性能、色牢度、防火性能等，在织物中常加入人造树脂等常用助剂，而这些助剂含有甲醛。

　　由于甲醛具有挥发性，当纺织品长时间暴露在空气中时，就会不断释放而污染室内环境。特别是现在一些住宅的窗户比较大，如落地窗、观景窗，装修一套一百平方米左右的房子，购买窗帘布就需要万元，这就是为什么有的家庭装修时特别注意控制甲醛污染，但是在装修以后检测，仍会发现室内甲醛超标的原因之一。

⑪ 购买窗帘布时注意"毒素"的技巧

　　① 闻异味。如果产品散发出刺鼻的异味，就可能有甲醛残留，最好不要购买。② 挑花色。挑选颜色时，以选购浅色调为宜，这样甲醛、染色牢度超标的风险会小些。③ 看品种。在选购经防缩、抗皱、柔软、平挺等处理的布艺和窗帘产品时也要谨慎。

⑫ 使用窗帘时注意"毒素"的技巧

　　① 新买回来的窗帘应先在清水中充分浸泡、水洗，以减少残留在织物上的甲醛含量。② 除了窗帘，一些床单、被罩等直接与皮肤接触的纺织品里面也含有甲醛，一定要水洗以后再用。③ 水洗以后最好把窗帘布挂在室外通风处晾晒，然后再用。④ 如果房间窗户比较多，可以选择不同材料的窗帘，比如百叶帘、卷帘等。

提示

　　卷帘作为装修居室的窗帘样式之一，在目前非常流行，简洁大方、花色较多、使用方便是其明显的优点，而且使用一段时间后清洗也非常方便。

　　整个书房呈现红白经典搭配，红色的窗帘为端庄、稳重的书房增添了靓丽之感。

⑬ 不同材质装饰不同空间

从材质上分，窗帘有棉质、麻质、纱质、绸缎、植绒、竹质、人造纤维等。其中棉、麻是窗帘常用的材料，易于洗涤和更换，适用于卧室；纱质窗帘装饰性较强，能增强室内的纵深感，透光性好，适合在客厅、阳台使用；绸缎、植绒窗帘质地细腻，豪华艳丽，遮光隔声效果都不错，但价格相对较高；竹帘纹理清晰，采光效果好，而且耐磨、防潮、防霉、不褪色，适用于客厅和阳台；人造纤维窗帘较硬，易洗涤且耐用，遮阳性好；厨房、卫生间等由于潮湿、油烟，用百叶窗较合适；休闲室、茶室也较适合选用木制或竹制百叶窗，阳台要选用耐晒、不易褪色材质的窗帘。

⑭ 如何确定窗帘的褶皱比

窗帘的褶皱是指按照窗户的实际宽度将窗帘布料以一定比例加宽的做法。褶皱之后的窗帘更能彰显其飘逸、灵动的效果。 窗宽度乘1.5倍为平褶皱，窗宽度乘2倍为波浪褶皱（此为常用褶皱比）。

红底黑纹理的丝质窗帘在微风下徐徐飘动，像舞动的少女，妖媚明艳，优雅秀丽。

⑮ 用遮光布制作窗帘

遮光布具有阻挡强光和紫外线的功效。遮光布做成窗帘的形式有两种：一种是做成布帘式的，采用的遮光布比较轻、薄，易折叠；一种是利用尼龙搭扣，将选好的窗帘和遮光布合二为一，让有涂层的一面朝外，以阻挡强光的照射。

一排排颜色不一的圆形图案在纱质的窗帘上排列着，与室内其他几何形状的家具互相呼应，倒也别致。

提示

在选择窗帘的颜色时有很多标准可供参考，就季节而言，春秋季以中性色为宜，如米色、淡墨绿、枯黄、粉红色等；夏季以白色、米色、淡灰、天蓝、湖绿等淡雅色为佳；而冬季则宜用棕色、墨绿、紫红、深咖啡等深色系。

白底彩色图案的窗帘是年轻清爽一族的选择，干净简约，符合其活泼的性格。

16 浓烈色彩窗帘的使用方法

　　在装修选配家居色彩时，浓烈的颜色往往是首选，以求在居室环境中最大限度地展示自我，诠释内心。色彩鲜丽明亮、图案醒目的窗帘适用于大面积的空间和布置上较单调的房间。它们能够给人强烈的视觉效果，改变房间的视觉风格。由于它容易让人感到兴奋和刺激，因此不适合用于小房间和层高不够的房子，尤其有团花图案的面料用在小空间里，往往有过于喧乱之感，只有用在大空间里才显得醒目得当。过于浓烈的颜色对于有精神衰弱症的人来说也不适用。即使选用，房间中也应该选配一些素色或浅色的家具和织物，以降低房间中色彩的明度，从而避免给人太大的刺激感。

两种颜色的窗帘给人很强的层次感，而金黄色带给人暖暖的感受，会使心情舒畅很多。

深色厚重的窗帘与卧室内家具床品的搭配十分谐调，给人一种安全、稳定的感觉。

淡黄色的纱质窗帘与室内乳黄色的色调搭配起来温馨亲切，给人一种若隐若现、舒适自然的感觉。

窗帘的式样应考虑房间的空间因素，例如小房间以比较简洁的式样为好，以免使空间因为窗帘的繁杂而显得更为窄小，而对于大居室，则宜采用比较大方、气派、精致的式样。

🅱 如何使用窗帘放松自己的心情

很多时候，我们都希望自己的居室拥有一种舒适安逸的情调，从而更好地放松自己。素色的窗帘显得简单明快，能让人感到舒适和放松，应用在小房间中，能够减少压抑感，同时也可以让房间看起来宽敞一些；应用在书房和卧室中，能使人感到神清气爽，头脑冷静，从而提高工作和学习效率。而对于在都市中打拼奔波的白领一族来说，在历经快节奏、劳累的一天后，回到家里，怡神养性、放松自己是最重要的。心境上的闲适也是一种个性的表达，虽然并不张扬。不同人对房间的采光有不同的要求，如果不想把阳光完完全全从家中隔离开去的话，素面印花的棉质或者麻质布料可以说是最好的选择。

淡色的小碎花窗帘使本已雅致的居室变得更为清幽脱俗，别有一番风味。

沙发和茶几铺上毛绒绒的装饰之后更显奢华，而暗黄色花纹的窗帘则使奢华升级，其不同于普通花色，让它脱颖而出。

 提示

如果是自己丈量窗帘尺寸，一定要精确。否则最好请专业人员上门丈量。同时还要了解清楚窗帘的洗涤方法和缩水率。

⑱ 窗帘的颜色可以调节心情

如果窗帘颜色过于深沉，时间久了，会使人心情抑郁；颜色太鲜亮也不好，一些新婚夫妇喜欢选择颜色鲜艳的窗帘，但时间一长，会造成视觉疲劳，使人心情烦躁。其实，不妨去繁就简，选择浅绿、淡蓝等自然、清新的颜色，能使人心情愉悦；容易失眠的人，可以尝试选用红、黑搭配的窗帘，有助于尽快入眠。

⑲ 窗帘要具有遮光效果

如果想在白天舒服地睡个午觉，最好为卧室选择一条具有遮光效果的窗帘，棉质或植绒面料的最好。而餐厅等空间内一般不需要太强的光线，可以选择百叶窗，以便调节光线。

⑳ 不同质地的窗帘布会产生不同的效果

丝绒、缎料、提花织物、花边装饰会给人以雍容华贵、富丽堂皇的质感；方格布、灯芯绒、条纹布等能创造一种安逸舒适的格调。窗帘布最好不要过于光滑闪亮，因为这样的布料容易反射光线，刺激眼睛，给人以冷冰冰的感觉。

双层窗帘分别为金色和纯白色，将华贵与优雅完美融合，布置居室堪称完美。

丝绒烫金窗帘采用田园风格设计，在清新气息中展现着高雅与华贵，唯美而浪漫。

㉑ 使用纱质窗帘弥补室内采光不足

纱质面料是最常见的窗帘面料之一，其轻扬飘逸的质感、柔软清和的质地是众多别的面料所不能比拟的，也正是因此，它成为许多消费者心头的最爱。对于希望居室充分采光，以便扩大视野，欣赏户外风景的人来说，纱质窗帘所独具的剔透朦胧的视觉效果可以说给大家提供了一个最佳选择。而对于采光条件较差的房间来说，带有光泽的浅色纱质面料更能在一定程度上弥补房间采光的不足。但纱质面料也有其自身的局限性，它的轻薄透明决定了它在遮光性和遮蔽性上都有所欠缺，对于注重空间的私密性和窗帘的遮光功能的人来说，它的这一缺点是致命的，所以很多人都会把它与布帘一块使用，以便更好地满足自己的需要，营造私秘的个人空间。

提示

布艺窗帘多年来一直是窗艺装饰的主体，在未来仍将是主流趋势。

㉒ 巧用窗帘遮掩居室缺点

一套住房难免有欠美观的地方，设计师可以通过材料选择和个性设计掩盖一些不足，其中，不可忽视的是作为"软家具"的窗帘有更强的掩饰房间缺点的功效。

㉓ 多元色彩柔化硬朗空间

相对于比较硬朗的客厅空间来说，布艺具有柔化硬度、多元色彩的装饰功能，一尺布，改变一片空间。窗帘对于多数居室来说，是墙面的最大装饰物。特别是对"四白落地"的简装居室，除了一些画框外，可能墙面上的装饰就剩下窗帘了。因此窗帘的款式往往对整个室内空间有着举足轻重的作用。对于精装的居室来说，同整体装修相呼应的窗帘将使居室呈现统一风格，更好地体现家居氛围。

㉔ 巧用窗帘增加房间高度

在层高不够的情况下，如果房间面积过大，或是做了吊顶，会使房间显得太矮，给人一种压迫感。最简单的做法就是使用色彩对比强烈的竖条纹和图案来装饰墙壁和窗户，而且尽量选择不做帘头的窗帘，因为竖条图案的窗帘从视觉上可以给人房间"增高"的感觉。

黑白是经典的搭配，这个客厅是黑白色系，抱枕以黑白相间的设计将两者融合，生动无比。

当白色遇见黑色，只能用经典来形容，纯黑与纯白的搭配，给人一种干净的感觉。

明黄色是高贵的色彩，在灯光的照射下只有明黄色才能显现出炫目的折射。

25 窗帘花色改变居室格调

花色的选择是选购窗帘的关键，是最重要的第一步。所谓"花色"，就是窗帘花的造型和配色，花的造型通常是以植物花草为主，在设计中融入了设计师的艺术造型和独特的设计，在花型确定之后，能真正表现窗帘主题的就是颜色了。窗帘的颜色有很多，主要有白色、红色、绿色、黄色及蓝色。

白色被认为是一种纯洁、高雅之色，白色系窗帘能反射全部的光线而产生各种效果，它代表明亮、生气蓬勃、凉爽、高尚、纯洁，具有天真活泼的气息，白色和任何鲜明色彩的搭配都引人注目，黑色、蓝色、红色、紫色、绿色、黄色、棕色等其他色彩与白色搭配都能产生十分和谐的效果。白色系的窗饰多质地轻薄，或是镂空的窗纱，在夏秋季节给人一种轻松的遐想。

窗帘上交错的黄红色搭配，也可以有不一样的味道，耐脏又有秋季的温暖。

白色的透视，暗红色的厚重，使客厅看起来有一种旧上海的华丽感。

26 用窗帘增加房间开阔感

　　如果房间不够明亮开阔，可以用布质组织较为稀松、布纹具有几何图形的印花布做窗帘，同时窗帘上的图案尽量和墙饰统一，这样能够让人的视野更开阔。

在窗帘这一件布艺品上展现了时尚绚丽与清新自然两种风格。

27 巧用窗帘掩饰房间空旷

　　如果房间显得过于空旷，那么可以选择质地较柔软、蓬松，具有吸光质地的材料来装饰地板、墙壁，而窗户则大量选用有对比效果的材料，或在醒目的地方采用颜色鲜亮的窗帘布幔、床罩，使其与地板和墙壁形成鲜明对比。

28 如何用窗帘装饰凸窗

　　高大的凸窗可采用由几幅单独的帘布组成的落地窗帘，窗户之间，各帘布单独系好，使用连续的帘盒将各幅帘布连为一个整体。如果凸窗较小或成弧形，可以当作一个整体来装饰，采用一个双幅帘，每幅都能完全地拉至窗户的两边。

　　纱质窗帘装饰的客厅，透光性极好，不会使客厅显得昏暗，增加了空间的开阔感。

提示

　　选购窗帘时要分清是真进口还是冒牌货，如果标明是进口产品，要向商家索要必要的进口证书。

29 窗帘要防噪声

　　适度隔声可维持房间安静，有助于帮助提高休息的质量。选用双层窗帘或隔声窗帘，不仅可以防止光线太早"溜"进室内，还具有一定的减噪效果。当室内的持续噪声污染超过30分贝，相当于低声耳道的音量时，人的正常睡眠就会受到干扰。而持续生活在70分贝以上的噪声环境中，人的听力和健康都会受到严重影响。按照这个标准计算，我们的家中其实充满了噪声。可是，这和长年累月的汽车噪声、工厂机器的轰鸣声相比，对我们健康的损害显得很隐蔽，也让我们更难以防范。布窗帘有非常好的吸声效果，质地以棉、麻为佳。一般来说，越厚的窗帘吸声效果越好，一条质地好的窗帘可以减少10%~20%的外界噪声。如果你或家人睡眠有障碍，对外界的声音很敏感，那就考虑用一块厚厚的棉麻类窗帘吧。

　　蓝色是海洋的味道，搭配明黄色，像是海底的鱼儿一样，色彩艳丽，欢快畅游。

30 冬天的窗帘要保暖

　　到了冬季，窗帘就需要考虑保暖问题，植绒窗帘面料厚重，保暖性较好。根据日本室内设计师的研究，在所有颜色中，深红色最保暖，适合冬天使用。

纯净的白色搭配错综的浅蓝色花纹，让室内也变得抽象起来，雅致的气氛让人心情大好。

卷帘适合田园风格的小窗户，实用又可爱，卷起或遮挡，都能给人一种神秘感。

㉛ 窗帘不清洗健康危害大

在家居中，窗帘可以算是最需要经常清洁的装饰品。一方面，窗帘挂在窗台上，长时间接触室外的灰尘和被污染的空气；另一方面，家居生活也会无可避免地让窗帘沾上污渍，时间久了不进行清洁，除了影响窗帘外观，还会使窗帘上聚集粉尘和细菌等物质，容易引起咳嗽、过敏性鼻炎、气喘等呼吸道疾病。基于健康考虑，传统的布艺窗帘至少应该三个月清洗一次，尤其在春夏细菌多发的季节，由于经常开窗，最好能够每两个月洗一次。

提示

传统观念中，塑铝百叶窗只适合办公室使用，其实现在不少家庭也开始选择百叶窗布置居室。百叶窗遮光效果好，透气性强，但是挡蚊蝇的效果却不比布艺纱帘。一般来说，百叶窗更适合安装在家居的厨房中，用水就可以轻松洗掉上面的油污。

32 不让窗帘危害宝宝的健康

　　落地式的厚重大窗帘会吸引孩子的视线，让孩子觉得裹在里面非常有趣。但是当孩子卷在厚实的长窗帘内，双眼被蒙上，他们就极易失去方向感，越站不稳就越乱动，以至于越裹越紧，导致出现危险；孩子也可能去拉百叶窗的绳子，并不小心被绳子缠绕；此外，一些家庭怕地面电线会伤到孩子，就在比较高的墙上走线，并用窗帘遮挡。但孩子在拽窗帘时，可能把电线拉下来缠住身体，发生危险。因此，我们应采取以下一些措施防止意外发生。

　　第一，为了消除隐患，家长最好选择无绳百叶窗，使用遥控控制百叶窗的起落，以避免隐患。

　　第二，电线最好埋到墙体或电线管中，以免孩子触碰。

　　第三，家中挂落地的大窗帘时，可以选透光性好的帘子，不至于让孩子在裹进去时失去方向；平时要用窗帘箍把窗帘固定好；当然，把长帘换成短帘最好。最后，孩子能攀爬的家具，如儿童床等，都应远离窗帘。

拱形的阳台设计，欧式复古的窗帘，纷繁的花色，看起来更多的是温馨感。

暗黄色的渐变搭配，让室内的光线也变得明亮起来，加上白色的衬托，给人一种洁净与纯洁之感。

 提示

不要选价格太低的窗帘，因为有些廉价窗帘遇火易燃，而品质好的窗帘一般具有防火性能，家人的安全最重要。

CHAPTER ❸
地毯织物布艺品

　　在地面铺上一层毛绒绒的地毯，不仅能使人感受到浓浓的暖意，还装扮了居室的环境。本章为您介绍的就是地毯、毛巾等布艺品的选购与搭配，使您的家在温馨中尽显华丽；更有保养与清洗方法的介绍，让您没有后顾之忧，放心选用布艺品装饰家居。

❶ 购买地毯如何认清材质

　　最简单的办法就是从地毯上取下几根绒线，点燃后根据燃烧情况及发出的气味鉴别地毯的材质。纯毛燃烧时无火焰，冒烟，起泡，有臭味，灰烬多呈有光泽的黑色固体，用手指轻轻一压就碎；锦纶燃烧时无火焰，纤维迅速卷缩，熔融成胶状物，冷却后成坚韧的褐色硬球，不易研碎，有淡淡的芹菜气味；丙纶在燃烧时有黄色火焰，纤维迅速卷缩、熔融，几乎无灰烬，冷却后成不易研碎的硬块；腈纶纤维燃烧比较慢，有辛酸气味，灰烬为脆性黑色硬块；涤纶纤维燃烧时火焰呈黄白色，很亮，无烟，灰烬成黑色硬块。通过以上方法，可容易地鉴别出材质的种类，避免上当受骗。

　　整个卧室空间都是明黄色的，像是一块发光的玛瑙。床下暗紫色的地毯渐渐把这室内拉回现实中，却还是摆脱不了华丽的感觉。

　　条纹地毯拉大了客厅的空间，其深浅不一的颜色也让雅致的室内多了一些轻快，缓解了紧张的心情。

 提示

　　一个设计和质地优良的地毯能帮助升格一个空间的整体感和视觉效果，让地毯上的家具得到突出，看起来更活泼。如果没有这样东西，家具冷冷地摆在地上，这个空间看起来也许会有点赤裸的感觉，整体视觉效果也不那么完整。

❷ 依据自己体质选择地毯

　　毛绒绒的地毯虽然能带给人温暖的感觉，但它也极易诱发人们患上哮喘病，引起过敏症状的发生，这主要源于地毯中隐匿的螨虫。为了避免患上哮喘等呼吸道疾病，应依据自己的体质，选择具有防尘、防污和耐磨损的优质地毯，还要确保地毯的清洁，定期吸尘，对于活动较频繁的区域则需每周吸尘两至三次。

整体铺设线条纹理的地毯为雅致的客厅增色不少，使空间的地面装饰不再单调。

❸ 选择绿色环保地毯

　　选择绿色环保地毯，可以提高生活品质，维护身体的健康。下面列举两款环保地毯的优点：① 纯毛无纺防静电地毯，它质地优良，物美价廉，比纯羊毛地毯便宜许多，又克服了纯羊毛地毯不耐磨损、易被虫蛀、好生静电的缺点。② 椰麻地毯，采用琼麻或椰子纤维织造而成，最大的特点是纯天然纤维，并可搭配各式布边做变化，具有平衡湿度、保持室内干爽的功能，实用价值和保健功能都很高。环保地毯以其耐磨度高，透风性强，好整理，不易长尘螨等特点被人们所喜爱。

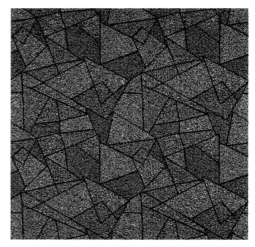

　　将地毯设计成石材拼接的造型铺设居室地面，在给人舒适脚感的同时带有一种大气感。

　　圆形的地毯，风格独特。传统的纹饰，彰显着雍容华贵，是高贵人士的最佳选择。

 提示

卧室最好选用纯羊毛地毯和真丝地毯。餐厅选择地毯时应考虑要应付的污渍，如饮料、食品等。纷繁多色的花纹有掩饰污渍的作用。

④ 植物染色的地毯对身体无害

化学染料染色的地毯由于其对环境污染的化学残留物对身体会有影响，所以不是理想的选择。我们可以考虑使用植物染色的地毯，因为其染料由纯天然材料制成，所以不仅不会像化学染料那样对身体有害，而且它们可以染出化学染料根本无法企及的"天然"之色。

⑤ 少用人造地毯

人造地毯大多含有不稳定的有机化合物，长期接触可能会导致过敏性疾病。 替代方案是购买使用天然纤维，如羊毛、棉花制成的地毯。

古典特色的地毯式样效仿复古装饰，且花纹样式十分讲究，很有奢华的感觉。

灰色的地毯将地板与沙发的颜色分隔，以免产生色调的重复。

⑥ 地毯颜色的选择

　　地毯颜色的选择需要考虑到居室的方方面面，包括地板、家具、窗帘以及其他配饰的颜色，彼此和谐才能提升整体的谐调感。地毯的颜色和天花的颜色是相对的，一般地上的色调不能太浅，天花的颜色不可以太深，否则会产生头重脚轻的感觉。浅色可以增加空间感，令房间看起来更宽敞；深色及温暖色调可使居室看起来舒适安逸，更具私密感。选择与环境相近的地毯颜色是最简单的做法，能够营造和谐的感觉；选择相反的颜色则是大胆的做法，适用于喜欢个性的年轻人或设计人群。

　　洁白的房间一尘不染，犹如高傲的少女般美丽，乳黄色的羊绒地毯和墙面的黄色互相呼应，与折射进屋的阳光色彩相近，使室内的感觉更加唯美。

⑦ 地毯花色的选择

　　地毯花色主要根据铺设的地点和自己的爱好进行选择。如书房应选择色泽清新淡雅、有儒雅之风的图案；客厅应选择花型较大、线条流畅的地毯图案，以营造视觉开阔的效果，为便于更换，也可以选择拼块地毯；卧室应选择花型较小，搭配和谐的地毯图案，以营造安静、温馨的氛围，同时色彩要考虑和家具的整体谐调。

　　长绒地毯的色彩选择与沙发和茶几形成了很好的呼应，诠释着高贵的气质。

❽ 纯手工地毯的品质鉴别

　　纯手工地毯主要看栽绒结密度，业内称"道数"，是指每0.3048米长度地毯中的经纬线数量，道数越高，结扣越多，栽绒越细密，质量越好，一般居室可选择90道或120道的地毯。

　　白色的家具搭配红色图案的地毯，再加上镜框与抱枕同色系的配合，让客厅更具热情的氛围。

　　白色的花纹地毯似乎与吊顶是对称的，一丝不苟的搭配可以看出主人是个严肃沉稳的人。

　　在客厅铺上一层地毯，既可以减少石面地板的凉意，也可以把客厅衬托得更加有韵味。

 提示

　　一般人们都认为化纤地毯档次比较低，其实化纤地毯也有其优点。好的化纤地毯，例如有的尼龙比羊毛还要贵，当然更高于丙纶。尤其是阻燃、抗静电、耐脏污的尼龙地毯是化纤地毯中的上品。同样是尼龙地毯，还要看制作工艺，一般来说，机织地毯与簇绒地毯相比，绒头细密，花纹色彩精致丰富，价格也高于簇绒地毯。同理，一样的丙纶材质地毯，机织地毯的价格要高于簇绒地毯。

❾ 鉴别古董地毯有高招

辨别的方法是拨开地毯的长毛，观察每一根毛的尖端和根部颜色是否相同，真的古董地毯有由深到浅的自然过渡，如果颜色相同就是"做旧"的地毯。

❿ 教你动手制作独一无二的碎布地毯

所需的材料：麻布、制图笔、精纺织物、地毯钩针、万能胶、木制或塑料衣夹、玻璃头别针、大针和结实的丝线。

制作过程：① 一块0.6米×0.9米的小地毯，对于初学者来说既简单又方便。如果你需要一些设计灵感，找一些原始资料看看，诸如明信片、油画和图书上的说明，把所有的材料收集齐。② 把麻布裁成所需要的尺寸，在周围加出0.05米以备包边时用。用制图笔在麻布上画出设计图，图案离布边0.05米。把织品裁成0.025米宽0.45米长的一堆布条。

③ 用一只手把布条按在麻布的背面，另一只手在前面拿着地毯钩针。用钩针从前向后把布条固定在麻布上。④ 从麻布的前面把钩针从布条中拔出，做一个大约0.05米长的圆圈，把钩针从圆圈中拉出，沿长度方向向上移动0.025米。把钩针插到背面，从第二个圆圈中拉出。如此反复进行直至完成图案。⑤ 为了对地毯边进行润饰，在地毯背面折0.05米的宽边涂上万能胶，沿边用衣夹夹紧，使各层织物牢牢黏合，直到胶水变干为止。⑥ 修整地毯背面，裁一片比原尺寸四周加宽0.025米的麻布，向后卷边，用别针定牢在地毯背面，再用针和线缝牢。

⑪ 地毯与空间、家具的造型选配

　　考虑空间格局是选择地毯的第一步。室内走廊通常建议铺放长方形的道毯；进门处、浴室门外等用小块的长方形或椭圆形块毯更适宜。客厅是走动最频繁的地方，最好选择耐磨、耐脏的地毯。如果想在沙发下面放一块地毯，但是客厅面积又不是太大，建议所选地毯也不要太大，适度地留白会使空间在视觉上显得更加宽敞。不规则形状的地毯比较适合放在单张椅子下面，能突出椅子本身，特别是当单张椅子与沙发风格不同时，也不会显得突兀。方形长毛地毯非常适合低矮的茶几，能令现代客厅显得富有生气。

⑫ 地毯与空间、家具的风格选配

地毯通常在家具之后购买，为了突显整体效果，地毯与家具的风格统一是安全的做法。古典家具宜搭配柔美、典雅的地毯，波斯风格、土库曼风格、高加索风格等地毯都以唯美的图案及色彩为特点，能够映衬古典家具的情调，与家具上的木制花纹相得益彰。不过需注意的是，假如家具及墙面装饰较复杂，地毯的图案要避免太过繁复。现代家具搭配同样风格洗练的地毯最佳，无论是板式家具还是玻璃、不锈钢质地的家具，简约风格的地毯既是气氛的补充，又能淡化家具本身的冷峻。

⑬ 如何合理使用羊毛地毯

羊毛地毯舒适、柔软、弹性好，踩踏舒适，坐卧相宜，但是有一点要注意的就是要勤于清理，不然容易生螨虫。所以，一般选择羊毛地毯、块毯作为毯上毯，在满铺的化纤地毯上，再铺上一块手工羊毛毯，既显高贵又好清理。

 提示

您可用简易方法将地毯背对背对折，看看是否露出底衬，一般密度越大越不易露出底衬。密度越大，弹性越好，也越耐用。用手掌用力反复摩擦地毯或用湿纸巾擦拭地毯，看看手掌和纸巾是否沾色，沾色严重说明色牢度不好。

在茶几与沙发下铺一层地毯，可防止家具在地板上留下痕迹，同时也提高了家居的品位。

毛绒绒的地毯使室内看起来暖和很多，与沙发颜色相近的灰色搭配突显了室内的高贵感。

⑭ 客厅沙发周围地毯的大小

一般来说，不长于2.7米的沙发，建议使用1.7米×2.4米的地毯；如果是更大的沙发，一张2米×3米的地毯绰绰有余。

茶几大小也应该纳入地毯大小的考量范围，以确保地毯、沙发和茶几间保持标准的比例。

提示

在使用地毯一段时间后最好调换一下位置，使其磨损均匀。有些地方出现凹凸不平时要轻轻拍打一下，也可以用蒸汽熨斗或热毛巾轻轻敷熨。如果地毯上出现戗毛，可以用干净的毛巾浸湿热水擦拭，并用梳子梳理顺直即可。夏季，如果您家的地毯需要暂时存放起来，一定要将之清理干净，然后在阴凉处吹干，轻拍去灰尘，在上面撒些防虫剂，逆毛卷起，最后用塑料袋封好，放置在通风处即可。

⑮ 如何用地毯提升家居的温暖指数

居室中单线条家具的运用可带来简约的视觉效果，但是会给人一种冷冰冰的感觉，最好能够搭配柔软的长绒地毯，长长的绒毛踏在脚下，仿佛漫步在草坪上一般，百分百的纯羊毛材质让温暖由脚下慢慢升起，会给人带来饱满充盈的感觉，从而提升空间的温暖指数。

16 地毯的功能

① 隔声效果，以其紧密透气的结构，可以吸收与隔绝音波，有良好的隔声效果。② 改善空气质量。③ 安全性，不易滑倒磕碰，有老人、儿童的家庭建议铺块毯或满铺毯。④ 艺术美化效果。⑤ 无毒性，地毯没有辐射，不散发甲醛等不利于身体健康的气体，能达到各种环保要求。

17 地毯的新用法

如果家里的空间够宽敞，可以把小一点的地毯放在较少走动的空间作为装饰，让那里的地面不会显得太冷清。

因为小户型的普遍，小面积的块状地毯因其不受空间局限，方便移动和清洗等特点正大行其道，块毯几乎可以在任何空间使用。把几张尺寸相同的方形块毯拼贴在一起，用茶几压住固定，客厅中的休息区便轻松活泼起来；在孩子的房间中放置几个圆形块毯，孩子可以在上面跳房子，也能够根据自己的想象随意使用。

(18) 防止重家具对地毯的破坏

　　重的家具压在地毯上面会造成地毯毛压缩、压扁。它们有可能变成永久的现象。为了防止这一缺憾，可在家具脚下面放置滑片，以分散重量。过一段时间，稍微移动家具几寸，也是一个方法。如果地毯已经受到损伤，可将地毯毛润湿，用手指拨直地毯毛，再用热吹风机吹一下，地毯毛就会恢复原状。

圆形小茶几与圆形毛绒地毯在颜色和造型上都非常搭配，将客厅装扮得活泼而靓丽。

(19) 地毯的日常保养

　　地毯与化学品接触后，可能会产生化学污渍或出现褪色，故此要避免地毯沾染一般常用的化学品，如强力清洁剂及护肤品等。此外，地毯不能长期受阳光直接照射，否则会出现褪色的情况。地毯需要经常吸尘，因为尘埃藏积在地毯内，会对纤维造成损害，并且使地毯的颜色变得灰暗。

20 如何去除地毯上的异味

在4升温水中加入4杯醋，然后用毛巾浸湿拧干后擦拭。醋不但可以消除异味，还可以防止地毯变色或褪色（苏打水也具有除臭的功效），擦完后再将之搁在通风处风干即可。

21 如何去除地毯上的灰尘

可以在地毯上撒点盐，因为盐可以吸附灰尘，即使再小的尘屑也能清理得干干净净。同时，盐还能让地毯变得更耐用，长时间保持颜色艳丽。

卧室放置小块紫色地毯，不仅可以为卧室增加温暖，更能点缀卧室空间。

地毯和家具的颜色相谐调，采用同色系可避免视觉上过于杂乱。

餐桌下不同花色的块状地毯点亮了用餐的心情，也点亮了整个室内的气氛，使用餐者感觉像是在优美的花海上就餐。

 提示

如地毯有焦痕，轻度的可用硬毛刷掉，严重时，可在边角处剪下一些地毯绒毛，用胶黏剂粘在烧焦处，然后在下面压一本书，等胶剂干后，再进行梳理即可。

㉒ 如何去除污渍

如果不小心将有颜色的液体洒在地毯上，可以先用干布或面纸吸取水分，然后混合等量的白酒或酒精洒在污渍上，最后用干布擦拭即可清除。

㉓ 如何去除地毯上的异物

如果不小心将口香糖等异物沾染在地毯上，可用塑料袋装上冰块压覆在口香糖上方，让其凝固，之后用手按压测试，待其完全变硬后，用刷子或牙刷即可将之剔除。注意千万别使用化学稀释剂，如此反而会使地毯受损。

暗红的花色与规矩的图案适合成熟者客厅的使用，既装饰了客厅，也有助于营造理性严肃的谈话气氛。

深沉色彩的地毯配以厚重的家具，整个客厅弥漫的都是沉重的视觉感受，营造出一个理想的会客谈话场所。

提示

地毯上落上绒毛、纸屑等质量轻的物质，吸尘器就可以解决。若不小心在地毯上打破一只玻璃杯，可用宽些的胶带纸将碎玻璃粘起；如碎玻璃呈粉状，可用棉花蘸水粘起，再用吸尘器清理。

24 夏天清扫地毯有窍门

在盆内倒入500毫升清水，再加入两三滴风油精或花露水，用扫帚蘸上混合后的水清扫地毯，既可使室内空气湿润，弥漫清香，又起到防范夏日蚊虫的作用。

红与黑的细密交叉，足以看出地毯的厚实与做工的精致。

纯羊绒材质的地毯上再绣上植物图案，将质感享受与视觉效果完美地结合在了一起。

方块地毯小巧美观，可以摆放在客厅沙发附近，地毯规格可以根据沙发大小来选择。

25 让地毯天天保持清爽的窍门

① 茶水、咖啡、酱油或啤酒等污物：可使用地毯专用清洗液、硼砂液或洗涤液等清洁剂，用毛刷反复清刷即可除掉，然后用清水清洗干净即可。② 番茄酱、酱汁等黏稠物：可利用餐巾纸之类的吸水性强的物体把污渍吸收、除净，之后用毛刷反复清刷，清水洗净即可。③ 蛋清、牛奶、冰淇淋等脂类物体：先用温水和洗涤液洗刷，然后使用专门的挥发性去油剂去除脂肪。

26 选择优质毛毯的方法

① 按毛毯的重量来区分，通常优质毛毯的单位重量是0.47千克左右，市场上劣质毛毯的单位重量往往低于0.35千克。② 棉含量决定了毛毯的品质，劣质毛毯一般棉含量在50%~70%以下，其中，杂质多为涤纶或腈纶，使用起来会有静电等不舒适的感觉。

 提示

不同材质的毛毯，其清洗的方法是有所不同的。羊毛毛毯不能用洗衣机清洗，因为洗衣机的高速旋转会损伤羊毛毛毯，导致其变形，所以只能手洗或者拿到干洗店清洗。化纤成分的毛毯可以用洗衣机清洗，但是不要用洗衣机直接烘干。

27 毛毯的清洁

毛毯在日常使用时，应经常放在阳光下沐浴，并轻轻拍打，使黏附在毛毯上的汗味、尘埃和皮屑都被除掉。再将绒毛小心梳理，可保持毯面清洁、蓬松和柔软。收藏时，须将毛毯平整折叠放入柜中或袋内，防止挤压，可保持毛毯质地富有弹性。

花纹放大之后，细致的纹理可见制作的精良，是毛毯中的优选。

28 购买毛巾不要贪图便宜

购买毛巾制品时，要认真选择，不要贪图便宜。很多低价毛巾看上去很漂亮，手感也不错，但实际上都是用废旧原料和劣质化学染料生产的，有些化学染料中还含有苯胺致癌物质。人们拿这种毛巾洗脸就如用工业废水洗脸一样，会严重损害皮肤，危害健康。

浅绿色的毛毯绒毛细腻，能带给家人最柔软舒适、温馨健康的呵护与关爱。

29 合格毛巾与伪劣毛巾的特点

合格毛巾质地蓬松，手感柔软，制作精细，有良好的吸湿、隔热、耐热的性能。伪劣毛巾容易起球，掉色，不透气，吸水性不强。

30 挑选纯棉毛巾有"四法"

① 对着光看毛巾的色泽，发亮的一般都不是纯棉毛巾。② 纯棉毛巾摸上去手感非常软，硬的必然不是纯棉的。③ 用手梳理毛巾，观察是否掉毛，如果有点掉毛千万别失望，纯棉毛巾都有点掉毛，不掉毛的光滑毛巾多是化纤毛巾。④ 质量好的纯棉毛巾线圈疏密整齐，无卷边。

31 重视毛巾的卫生

毛巾要专人专用，专巾专用。每人每天使用毛巾的数量应为4~5条，分为洗脸、洗脚、洗澡和日常个人维护小毛巾，而女性还特别要增加1条个人生理卫生毛巾。毛巾要做到勤洗、勤煮、勤晒，每周对毛巾进行消毒一次。不要把湿毛巾挂在不通风的卫生间里，因为细菌和病毒在湿毛巾里生存的时间较长，繁殖速度成几何数增长。

纯白色一直是人们挑选毛巾的首选色彩，或许是看重了其代表洁净、清爽的意义。

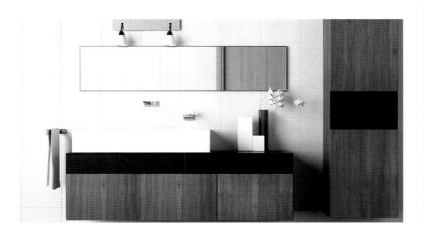

 提示

毛巾的种类很多，一般会分为面巾、童巾、方巾、长方巾、浴巾等；而如果从工艺上来划分，则可以分为普通毛圈毛巾、竖条毛巾、段挡毛巾、提段毛巾、割绒毛巾、提花毛巾、印花毛巾等几种。

32 毛巾的消毒方法

① 微波消毒法，将毛巾清洗干净，折叠好后放在微波炉中，运行5分钟就可以达到消毒目的。② 蒸汽消毒法，将毛巾放入高压锅中，加热30分钟左右就可以杀灭绝大多数微生物。③ 消毒剂消毒法，消毒剂可以选择稀释200倍的清洗消毒剂或0.1%的洗必泰，将毛巾浸泡在上述溶液中15分钟以上，然后取出毛巾用清水漂洗，将残余的消毒剂去除干净，晾干后就可以再次放心地使用了。

毛巾布艺品的质感舒适、色彩种类繁多，能让主人的生活随之变得喜悦、幸福。

33 如何去除毛巾上的油腻

有些爱出油的人，毛巾常常会油腻腻、滑溜溜的，洗过多次效果也不是很好，很是烦恼。建议用浓盐水浸泡一下再洗涤，然后再用清水冲洗，便可使毛巾变得清爽起来。

34 如何使毛巾变柔软

毛巾在使用一段时间后，由于水中游离的钙、镁离子与肥皂结合，生成钙镁皂黏附在毛巾的表面，会使毛巾变硬。在1.5千克左右的水中加0.03千克纯碱或适当的柔软剂煮10分钟即可使毛巾变柔软。

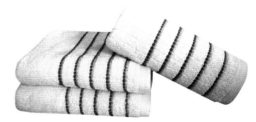

乳黄色的毛巾最能给人一种亲近感，条纹装饰更展现了一种活泼、愉悦的气息。

35 毛巾的使用期限

任何东西都有使用期限，毛巾的使用期限一般为3个月左右，过了使用期的毛巾又脏又硬，会危害健康，成为新的污染源。

超细纤维毛巾带给人们的手感特别柔软，具有非常强的清洁功能和防水透气的效果。

CHAPTER ④
床上用品

　　卧室是主人最私密的空间，舒适是关键，其布置自然也要符合主人的性格。本章为您介绍的便是如何选购适合自己的床上用品，如何布置得当以及如何使用才能达到最好的效果，使您在舒适美好的环境中缓解一天的疲劳。

❶ 床上用品的范畴

　　床上用品指摆放于床上，供人在睡眠时使用的物品，包括被褥、被套、床单、床罩、床笠、枕套、枕芯、毯子、凉席和蚊帐。在本章，我们所指的床上用品主要指纺织制品、绗缝制品和聚酯纤维制品，不包括毯子和凉席。

绚丽花色图案的抱枕配以白色的床单，无疑成为搭配的亮点，碎花中透着温馨。

红蓝色的搭配是这个卧室的主色，从床品的花式和室内的摆设装饰即可看出主人热爱消防或是从事这一职业。

 提示

购买床品时，要注意是否注明符合国家环保和卫生标准，床垫气味要小，舒适度要高。

❷ 适合床上用品的面料

　　面料指在床上用品中用来制作成品表面的布料。对面料的要求，除了内在质量要求外，还必须有很好的外观，面布的撕裂强度、耐磨性、吸湿性、手感都应较好，缩水率控制在1%以内，色牢度符合国家标准的布料都可以采用。

　　涂鸦的花色使人眼花缭乱，这样的床品使卧室显得个性十足，与墙面颜色形成和谐的搭配。

　　当粉色与淡粉色相遇，房间便充满公主的可爱气息，每一个角落都有装饰品与之搭配。

　　淡蓝色与白色的搭配，让卧室看起来淡雅极了，看样子主人必是一位热爱生活的优雅女子。

提示

购买床垫时，要在合同中保留更换和退货的权利，以便发现新买的床垫有异味或身体不适应时进行及时更换，也可请专业的室内环境检测单位进行检验，以了解床垫的污染情况。

❸ 床上用品填充料常识

床上用品填充料（棉）很重要。即使采用了好的面料，如果填充料不好，整个产品仍不完美、档次不高，下面介绍几种常用的填充料。

① 涤纶棉：一般是实心，弹性和保暖性较差，感觉较重，可以用作低档床上用品的填充料。

② 中空棉：此类棉一般有一孔或多孔，弹性较好，保暖性也好，适宜做中高档床上用品填充料。

③ 滑棉：此类棉有一孔，经过整理后感觉特别舒适、滑爽。

④ 软棉、松棉：通常采用较细纤维。喷软胶经耐高温、消毒处理，手感柔软，重量轻，常用作多用被芯棉。

 提示

滑棉保暖性、弹性较好，如再加上美国LOFT特种防霉、防菌、抗静电纤维，就更加健康舒适，符合现代人的需要，同时又可避免羽绒过敏、棉花被易滋生细菌、产生异味等缺点，此棉常作水鸟被和滑棉被填充料。

厚实柔软的靠垫是家庭布置中不可缺少的，无论是在客厅还是卧室，都需要靠垫来调节舒适度。

❹ 如何搭配床上用品更好看更舒适

　　搭配床上的东西先要看自己房间的主体色调，另外现在的套件有AB版，有很多人都不知道什么叫AB版，其实AB版就是用两种不同的布做出来的套件。比如单色系的贡缎布料分很多颜色，您可以把两种或两种以上的颜色配起来做。如果比较喜欢豆绿色和天蓝色，可以把被罩做成绿、蓝两个颜色，床单用蓝的做，枕套用绿的做，这样很有个性，也很好配房间。对于那些大花的和小花的布料，则可以用大小花合着做被罩，小花做床单，枕套做大花。这就是所谓的AB版。

　　另外，您可以用靠垫、抱枕等搭配床品。这类的东西也实用，看书、看电视可以用个靠枕，就不会腰酸了。一个人觉得孤单的时候也可以抱着抱枕开心地睡觉。

红金色的床单在淡黄色灯光的照耀下尽显高贵，使床看起来舒适极了，让人忍不住想要躺下享受一番。

❺ 花形和谐为最美

设计界曾经崇尚纯色、单色，但现代人更倾向于接受多元的信息，尤其是在床上用品方面，多选用细小、精致的碎花和淡雅的颜色，以增添家居环境中的柔和氛围。而且花是源自大自然中的实物，能给家中带来清新的田园气息。花形在家中不可能成为主角，但却能成为配角中的主导潮流，它起着或辅助或点缀的作用，搭配时需要考虑花形大小、疏密和颜色等的和谐。

❻ 色彩面料等要比较

春天，床品比较适合选用柔和的色调，紫色、粉色、绿色系列时尚又悦目，看上去很有春天的气息。床上用品的面料大致有平纹、斜纹、缎纹等几种，但同一种类型的面料，其支纱密度也不同。平纹面料采用的是纵横交错的织法，相对于其他面料来讲，手感较粗糙，这种类型的床上用品适用于冬天。此外还有低支纱与高支纱之分，支纱越高，手感越好，舒适度越高。

淡淡的奶茶色让卧室看起来温和极了，再以白色搭配，很容易就会触动柔软的心底。

斜纹的布料虽然看起来有些褶皱，但配以温暖的暗红色，看上去亲切多了，很容易就能使紧张的心情放松下来。

❼ 选择合适尺寸的床上用品

① 所有的床单、被套、被子等都有统一的标准：比如1.5米×2米的床应买2米×2.3米标准的床品套件；而1.8米×2米的床则应选择2.3米×2.4米的套件等，因此在购买前一定要搞清楚自家床的尺寸。

② 建议先买套件，然后再做或买被子，以免被套等不合适。

❽ 纯棉床上用品面料的鉴别和使用要点

纯棉面料手感好，使用舒适，易染色，花型品种变化丰富，柔软暖和，吸湿性强，耐洗，带静电少，是床上用品广泛采用的材质。但是这种面料容易起皱，易缩水，弹性差，耐酸不耐碱，不宜在100℃以上的高温下长时间处理，所以棉制品熨烫时最好喷湿，易于熨平。有条件的话，每次使用后都用蒸汽熨斗将产品熨平，效果会更好。

布艺的选择影响着卧室的整体风格，利用床品布艺来装饰，能打造出一个拥有无限风景的空间。

 提示

在选择床上用品的时候，要特别注意床品的色彩，因为床品色彩对于人们的健康有很大的影响。例如，情绪不稳容易急躁的人，居室中适合选用嫩绿色的床品，以便使精神松弛，舒缓紧张的情绪。一般而言，床上用品的颜色以淡雅色彩居多。

❾ 色织纯棉床上用品面料的特点和鉴别

色织纯棉为纯棉面料的一种，是用不同颜色的经纬纱织成。由于先染后织，染料渗透性强，色织牢度较好，且异色纱织物的立体感强，风格独特，床上用品中多表现为条格花型。它具有纯棉面料的特点，但通常缩水率更大。

暖色的印花面料色彩浓郁，与卧室的整体色调一致，形成一道美丽的风景线。

乳白色的床单、黄色的窗帘、同色的沙发与挂画，整个卧室看起来很雅致，布置也很谐调。

❿ 高支高密提花纯棉床上用品面料的特点

高支高密提花纯棉织物的经纬密度特别大，织法变化丰富，因此面料手感厚实，耐用性能好，布面光洁度高，多为浅色底起本色花，格外别致高雅，是纯棉面料中较为高级的一种。

11 真丝床上用品面料的鉴别

真丝外观华丽、富贵，有天然柔光及闪烁效果，感觉舒适，强度高，弹性和吸湿性比棉好，但易脏污，对强烈日光的耐热性比棉差。

这样的黑白花纹看起来很新奇，也使卧室看起来更加沉稳内敛，可见主人是很理性的。

浅亮色的真丝床罩在灯光的照射下让卧室的整体感觉变得华丽，看起来舒适极了。

黑白红的搭配让本已大气的卧室看起来更为奢华，单色床品突显了主人的内敛气质。

⑫ 怎样选择枕头

　　枕头高度一般在0.09米左右为宜，相当于自己立起拳头的高度。枕芯以荞麦皮等易调物为好。装填要松软，这样才有利于睡眠时调整枕头。仰卧时应使枕头后枕部低，颈项部高，以增大颈项部与枕头的接触面积，并保持颈椎的自然生理弯曲。侧位时，枕头调整应使颈椎在正立位时保持与肩部平行为度。这样才符合颈椎在正常生理情况下的睡眠。

　　深棕色是沉稳的色彩，适合中年人士，是理性、内敛性格的代表，彰显的是成熟的韵味。

　　这样绚丽的色彩搭配，可以看出主人是一个活泼开朗的人，柔软的枕头加上舒适的床，主人很会享受生活。

　　金黄色的床品、墙壁、挂画，让整个卧室看起来很华丽，黑色的靠垫是这个卧室中与众不同的亮点。

13 挑选健康枕芯的诀窍

良好的睡眠是我们保证充沛精神和战斗力的前提，而选择适合自己的枕头枕芯，才能提高我们的睡眠质量。

在选择枕芯的填充物时，我们应该多加注意。现在由高科技复合材料制成的枕芯类产品，在弹性回复力、保暖性、蓬松度、舒适感、耐洗性以及使用寿命等方面都有很好的表现，是不错的选择之一。当然，也有很多人更喜欢采用天然填充物的枕芯，它们与复合纤维比起来，更环保、更绿色、更健康。

14 宝宝枕头的高度

枕头高度太高，容易使宝宝脖颈弯曲，使气管受压，引起呼吸困难，影响睡眠质量。此外，宝宝的脊柱尚未定形，枕头太高，久而久之，宝宝会驼背、斜肩等。3~6个月的宝宝，最合理的枕头高度要小于0.03米。6个月以后可适当提高枕头高度，以0.03~0.04米为宜。宝宝枕头的长度应略大于宝宝的肩宽，宽度与头长相等，可根据宝宝的发育酌情逐渐调整。

 提示

我国传统床上用品使用的面料比较单一，只有粗纺棉布、丝绸和缎料；20世纪80年代中期兴起的踏花被，其面料多用腈纶和涤棉；一直到20世纪90年代初期，精梳全棉面料才小批量上市；到今天，价格昂贵的贡缎、提花和色织等纯棉面料已逐渐为人们所接受，成为市场主流。

15 宝宝枕芯的选购

枕头枕芯的质地应柔软、轻便、透气、吸湿性好、软硬适度。一般选择灯芯革、荞麦皮、薄绒、茶叶和绿豆皮等材料充填，不宜选用泡沫塑料、腈纶、丝棉等当填充物。夏天多选荞麦皮、茶叶和绿豆皮枕芯，冬天多选薄绒。宝宝枕头的枕芯一般以荞麦皮或泡过茶后晒干的茶叶为好，不但软硬度合适，吸湿性和透气性强，且能清洗。其他如稗草籽等类似的物品也可以。近些年乳胶枕头面市，乳胶具有自然弹性，柔软度与抗压性均符合宝宝枕头标准，能将身体的重量或头部的压力均匀地吸收释放，并且不易藏细菌、灰尘等，理论上说是比较好的，但还需要进一步验证，现在已经有资料质疑长期应用乳胶枕头致过敏的问题。

16 宝宝枕套的选购

　　宝宝枕套最好选用柔软的纯棉布，颜色以白色或浅色为主。枕套的长度略大于宝宝的肩宽，宽度与宝宝的头长相等或稍大几厘米。宝宝容易溢奶、流口水和出汗，枕套需要经常清洗，所以购买时可以多买一些备用。

17 选择床垫时的注意事项

　　① 是否通风透气、抗菌防霉。② 支撑力是否全面。③ 床面是否有足够张力。④ 服帖性是否良好。⑤ 减压性是否足够。

 提示

床上用品大致分为印花、绣花和提花三类。印花是指布织好后，再印上图案，印花产品的颜色明快，花型种类多；绣花是指布织好后，用机器绣上图案；提花指面料上的图案是在织的时候，用不同颜色的纱织起来的，工艺更复杂，造价成本更高。

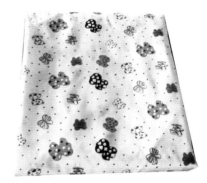

柔软的棉质材料是枕套的首选面料，这样在休息时才会觉得舒适。

安静的卧室因为床单的花色而富有生气，房间中没有多余的装饰品，冷清中透出淡淡的平静。

18 棉床单品种选购指南

① 精梳棉：是指棉纤维在加工过程中去除了一些短纤维和残留在纤维中的疵点后精梳加工而成的棉面料，干净、整齐、有光泽。

② 丝光棉：是一种针对棉纱或棉织物进行碱减量处理而成的棉面料，棉纱或织物在经过丝光整理后，强度增加，获得丝般光泽，并且能提高纱线或织物在染整过程中的固色和着色性能。

③ 法兰绒：一般是由棉纱织造而成，在织物的单面或双面进行割绒处理，其质量介于平纹和斜纹织物之间。割绒处理使织物表面呈绒毛状，赋予织物柔软的质感，所以法兰绒织物具有很好的手感。这种织物的保暖性能很好，因而冬天可以用来御寒。

④ 针织平布：这是一种采用平针织造的针织布，一般是用针织圆机或平机织造而成。针织面料的服用性能很好，具有优良的弹性和悬垂性，这种面料质地柔软，用着舒适，T恤一般就是用这种面料制成的。

⑤ 棉锦缎：在一个组织循环内有较多的浮点，因此具有柔软的手感和更加光泽的外观。通常由丝光处理后的精梳棉织成，棉锦缎具有类似绸缎般滑爽手感，表面色泽艳丽丰盈润泽。

⑥ 100%全棉床单：全棉面料质地平整滑爽，触感柔软，使用舒适。

⑦ 混纺床单：混纺床单在洗涤之后不像全棉床单那样易于起皱，但其柔软性及透气性不及全棉床单。

低矮的床面是年轻追求时尚者的选择，橘黄色的床单像是盛开的花朵，让整个房间看起来个性十足。

提示

床品选择应适应季节的变化，如春夏选择清新、跳跃的色彩营造鲜活氛围；冬季选择暖色调，烘托温暖的视觉效果。被子的选择夏季以1.5千克左右为宜，春秋季2~3千克，冬季4~5千克。同时还要视个人习惯以及当地气候而定。

灰色的墙面因为棕色床品的衬托而更显深沉，整体看起来沉稳大气，是追求生活品位者的选择。

原木色的布置使房间看起来很自然，再搭上条纹的床品，宁静中透着平和的心情。

⑲ 用盐水处理新买的床单的好处

新买的床单在使用前最好用食盐水浸泡后洗涤干净再用，因为新床单上可能残留防皱处理时的致癌物——甲醛。在高压、高温环境下，让甲醛分子与棉纤维分子结合，可产生防皱效果。但是如果处理过程不够严谨，或处理后清洗不净，会造成甲醛单体由布料中释放出来，甚至面料本身就有甲醛。据研究表明，甲醛除了引起咳嗽、过敏性鼻炎等疾病，还可以致癌。食盐能消毒、杀菌、防棉布褪色，所以在用新床单之前，最好先用食盐水浸泡一下。为了身体健康，可千万别怕麻烦，还是应该预防为主。

格状被子，条纹枕头，即可看出床品的柔软程度，整个房间是一种对称的搭配，理性十足。

⑳ 蚊帐选购小知识

① 玻璃纤维杆：好的杆件直径为8.3毫米，7.9毫米的太细，建议大家不要买，最根本的检验方法就是将两根以上的杆接好后用两手弯成120度看看会不会断。

② 蚊帐布孔：最好选用步孔密度为20孔/平方厘米以上的蚊帐。

③ 拉链：将拉链（不是拉链头）折起来，用手指用力压拉链塑料处，好的拉链不会裂。有的拉链夜间可以发光，半夜起来好找。有的蚊帐顶上还留一小口，备挂小电风扇用。

④ 花边：带金丝花边的蚊帐比较贵，花边越宽成本越高。

⑤ 底：全底（都是蚊帐）和空底的价钱没什么差别，空底实际还是有30厘米的底，中间空，但底布要用好的料，布料厚，需要多缝几道，工钱比较高。

⑥ 颜色：一般为白色、米黄色、蓝色，其他颜色很少而且价格高。

21 羊毛被的选购方法

① 拉链拉开后看羊毛的颜色。不是越雪白越好，正宗的澳洲9个月小羊的毛是米白色的，如果太过雪白，说明羊毛原本品质不是很好，去污去杂的程序比较多，有可能对表层蛋白质有损害。

② 看纤维的粗细长短。根据国际羊毛局的认证规定，一般长2~3英寸、细度在28~32微米的羊毛最适合做羊毛被，太细太粗都不好。

③ 看包裹布料。外层布一定不能够是有涂层的（类似防光窗帘的那种），这样就很有可能内里羊毛油脂率、杂质去除都不过关，用外层来防止外渗。

④ 闻一下羊毛被的味道，经过碳化、清洗、梳理的羊毛不会有任何异味，包括羊膻味儿。

⑤ 摸一下包布的柔软度，如果被子发硬或者发脆，则可能是面料有海绵或涂层，这样的被子舒适性差且可能甲醛超标。

棕色的图案在白色背景的衬托下像是一个正在绽放的花朵，使这个室内瞬间变得浪漫起来。

22 羊毛被的保养

使用过程中的保养：

① 从包装中取出时，在避阳处晾2~3小时，并轻拍被子，被子就会恢复弹性。② 使用时请加被套等外罩物，并间隔一周左右在避阳处定时晾干。以上午10点到下午3点的阴凉处为最佳，正反各晾2小时即可。

使用后的保养：

① 存放前，在避阳处晾4~5小时，待被子放凉后再折叠。② 将2~3粒防虫剂放入羊毛被中，外套一只塑料包装袋密封后，放置在干燥处。③ 被子存放时，上面切忌重压。④ 羊毛被一般不需要清洗。如沾上污垢需要清洗，请用干洗精洗涤或送干洗店干洗。

23 选择桑蚕丝被的5个理由

① 蚕丝是天然的东西。它在形成的过程中，不使用各种农药。

② 蚕丝被是传统的家用品，永远不会过时。

③ 蚕丝不易燃。桑蚕丝是动物蛋白，当火点燃的时候会燃，一离开就会熄灭。

④ 蚕丝给人一种舒服感。桑蚕丝非常柔软和滑爽，当用两手抚摸蚕丝被芯时可以充分感受蚕丝的这种特性。

⑤ 蚕丝环保。蚕丝是动物蛋白，当蚕丝被不再使用，它可以被自然界所分解。

刚出生至3个月的宝宝不需要枕头，这是有一定道理的。不过也要具体情况具体对待。如果宝宝穿着衣服躺睡或宝宝易漾奶，侧睡则需要将宝宝的头部加高，还有部分宝宝发育较快，头部和颈肩脊椎不在水平线上，以及防止宝宝头型睡偏睡扁这些原因，以前多数妈妈只有大枕头，对于宝宝来说显是太高了，于是妈妈们就用毛巾折叠垫高代替，现在情况好了，现在每个宝宝几乎都有宝宝定型枕了。3个月后的宝宝不睡枕头会影响身体发育，因为3个月的宝宝开始学会抬头，脊柱颈段也开始出现向前的生理弯曲。

24 蚕丝被对老人的好处

　　天然蚕丝被中的蚕丝蛋白可以帮助皮肤保有一定的水分，不使皮肤过于干燥。体虚的老人使用时能大大减少出虚汗、皮肤干燥、口舌上火等现象，并对预防风湿关节炎及皮肤病有一定的辅助疗效。

　　绚丽的亮粉色是它的主打色，再配以条纹图案，瞬间让卧室变得明亮。

　　淡蓝色的装扮使卧室看起来轻快凉爽，也可看出主人是个不喜欢束缚的人。

　　灰白色的床单上放几个颜色不一的抱枕，既点缀了单调的卧室，也增加了一定的舒适度，让卧室看起来更为亲切。

 提示

　　纤维被算是所有被子中最便宜的了，纤维被可分四孔、七孔、九孔被子等，纤维孔越多其保暖性、弹性、透气性也就越好，所以要尽量选择纤维孔比较多的被子。

25 巧备宝宝的小被褥

婴幼儿的被褥应质地松软，保暖性能好，所以用新棉花最为恰当。羊毛、驼毛等不大相宜，因为有些孩子使用了这种被褥可能发生过敏。被褥的厚薄应随气温变化而增减，但不宜太厚或太重，以免妨碍小儿肢体活动。为防止宝宝踢被子，冬季可将被褥做成睡袋式，只让婴儿露出头部，春秋时可让婴儿把手伸出被外。被单、被面和被里可用细薄浅色花布制作，因这类花布容易吸水，通气性能好，又便于经常清洗。垫被不应过厚太软，夏季可铺较细的草席及盖小毛巾。最后需要提醒的是，被褥应定期拆洗日晒，保持清洁。

薄薄的电热毯，带来的是如同阳光的温暖与舒适，在秋冬季节使用，给冰冷的床面带来些许暖意。

26 睡床在实用环境中的摆设

① 注意卧室睡床的床头不要朝向走廊、电梯间、楼梯间、厕所的下水管和抽水马桶等地方。因为这些位置都是比较嘈杂的地方，环境比较差，有时候虽然隔着一堵墙，但还是会影响到人们的休息环境，导致人们不能安静地进入睡眠。

② 同时，睡床的床头千万不要放在窗口下面，因为窗口位置是卧室中气流和光线最强的地方，环境比较差，对人们的睡眠有很大的影响，因此对人的身体健康也就非常不利。如果不能更换床头的位置，最好能用厚窗帘搭配遮光布加以遮挡，但这是退而求其次的方法，最好的方法还是更换床头位置。

鲜艳的花瓣设计展现出主人的娇俏可爱，而内藏梅花，则表现出主人刚毅的另一面。

糖果外形的抱枕设计很时尚，也很个性。

27 电热毯选购常识

选购时慎重选择廉价的电热毯产品；最好到正规商场购买，检查产品上是否有生产许可证标志、厂名、厂标和厂址、出厂年月和检查员章及合格证，外有包装和产品质量合格证，并索取购物凭证；电热毯外观应干净整洁，面料应厚重，手感细腻，针角均匀紧密，接头光洁整齐，开关材质严密结实，控制器比较灵敏，电源线上面有"3C"标志且粗细均匀，线长不小于国家标准规定的1.5米；应有完整详细的说明书，说明书中应有产品的结构描述，明确产品用什么方式实现温度限制或控制。

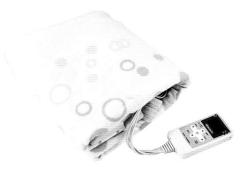

电热毯淡淡的颜色和可调节的温度给人一种安全和信任的感觉。

28 电热毯使用常识

① 使用前，仔细阅读说明书。

② 电热毯不要与人体直接接触，最好在上面铺一层床单。

③ 电热毯不要与热水袋等其他热源同时使用，以避免造成局部过热。

④ 不要在电热毯上放置尖硬物品，更不要将电热毯放在突出的金属物或其他尖硬物上使用。

⑤ 经常检查电热毯，避免折叠、褶皱现象。

⑥ 检查电热毯铭牌是否有可洗涤标识，不可洗电热毯禁用水洗，如出现断丝、短路不热的情况，应到维修点请专业人员修复，切不可随意自行拆修，以防发生危险。

⑦ 电热毯的毯面、控制器、电源线一旦出现磨损或异常，应停止使用。

⑧ 电热毯如长期不使用，应按照说明书要求妥善放置。

淡粉色的毯子看上去非常柔软，薄薄的一层即可阻挡夜风的侵袭，呵护健康。

婴儿及生活不能自理者不要单独使用电热毯，有人陪伴方可使用。

29 电热毯怎么选购

电热毯虽然是床上布艺品，但是它同时也属于电器的一种，所以在选购电热毯的时候要注意一些相关的事项：

① 电热毯的面积不同，加热面积也不同。通常分为单人、双人或三人电热毯。在可能的情况下，尽可能选择面积较大的电热毯。

② 尽可能选择质地好的面料。

③ 单人电热毯的功率不宜超过60W，双人的不宜超过120W。

④ 通电检查。将其放到高温档位置，3~5分钟用手摸电热毯中部应有温升，证明该档是完好的。

CHAPTER **5**

装饰画和艺术品

　　有时可能只是一个简单的金属挂件便可让空间变得生动起来，永远不要小瞧这样一件小小的物件，它可以改变你的居室风格，当然，也可能会破坏你的整体设计。本章介绍的便是如何巧妙通过装饰画和艺术品的装点，使您的居室不再单调。

❶ 装饰画、饰品色彩选择有窍门

　　装饰画和饰品摆放时要根据不同的空间进行色彩搭配。现代风格的室内一般以白色为主，在配装饰画和饰品时多以黄红色调为主。不要选择消极的、死气沉沉的装饰画和饰品。客厅内尽量选择鲜亮、活泼的色调。如果室内装修色调很稳重，比如胡桃木色，则可以选择高级灰、偏艺术感的装饰画和饰品。

百鸟图装饰画彰显着浓郁的传统文化底蕴。

② 如何挑选挂画

可根据家具材质来选择搭配挂画，例如优雅高贵的皮质沙发，适合古典作品加金属色框；温馨的布艺沙发，幽静风景作品加木框较合适；木藤类的沙发，不妨来幅具有宽阔视野或海景的画作。

③ 选用活性炭环保装饰画装饰空间

活性炭环保装饰画可以有效去除和吸附居室内装修后装饰材料及家具所散发出来的刺鼻刺眼等有害有毒物质，降低室内有机物含量，还能去除臭味、异味，室内烟味、臭味，吸附二氧化碳等气体，并能有效吸收地板砖、花岗石等石材所含的氡、氢等放射性物质，改善居室的空气质量和居住环境，保障人体健康，所以使用活性炭环保装饰画不但可以美化室内环境，还能净化室内空气。

④ 巧选客厅里的装饰画

客厅是家庭日常活动和迎亲会友的主要场所，具有一定的娱乐性和外交性。装饰画可以较抽象，如风景、花卉等，但要有一定的流行性，能雅俗共赏。

一个墙角对应两幅壁画，简单的图案让室内看起来具有丰富的文艺气质。

大幅的花朵图案与家具的风格相一致，金色的壁画边框也与主色调一致，给人一种优雅时尚的感觉。

壁炉上的挂画是夕阳下的山水，与室内的复古风格完美结合，使人很容易便会沉浸在画作的美景之中。

❺ 巧选餐厅里的装饰画

餐厅可以选用些以饮食文化为主题的装饰画，这样更能唤起人的食欲，在用餐时会感觉到人生是有滋味的，同时也可以从中学习和了解到更多的饮食文化。

提示

工艺品的摆放不要杂乱过多，以免造成焦点过多，没有特色，可将装饰品分类，相同属性的放在一起，定期更换风格。

❻ 巧选卧室里的装饰画

卧室是最能体现和表达自己的性格和心灵的场所。而装饰画作为卧室装潢的点睛之笔，可根据自己的爱好和职业选用相应的装饰画。这些装饰画可以给人丰富的想象空间，同时也可以消除工作的疲劳。一幅好的抽象装饰画还可以有一定的催眠作用，可以让您很快进入睡眠状态。暖色调的装饰画，可以使你的房间更加温馨。

❼ 巧选书房、卫生间里的装饰画

书房和卫生间在居室中属于比较特殊的空间，因此在选择和布置装饰画或装饰品的时候应该仔细考虑，根据空间特点巧选合适的风格和样式。

书房宜选花草植物、风景等静态的装饰画，以更好地营造出恬静安宁的学习氛围。卫生间内可选些幽默而又滑稽的装饰画，可以为您的和谐家庭增添一份风趣。

❽ 书房油画的选择

首先，因为书房的空间一般来说都比较小，所以应把握好装饰画的尺寸，过大会导致强烈的压迫感，过小则不但给油画自身带来了局限，而且会部分丧失其应有的功效。其次，要注意把握好"静"。画面主题内容的动感度应较低，像现在比较流行的巴黎街景类主题其实并不适合这里；同时在色调的选择上也要在柔的基础上偏向冷色系，以营造出"静"的氛围。配画构图应有强烈的层次感和远延拉伸感，在增大书房空间感的同时，也有助于恢复眼部疲劳。

三幅画整齐地悬挂在沙发上方，距离较近，使视觉焦点不容易分散，给人一种平衡的美感。

无论是山水画，还是四个小型的装饰壁画，画面的色彩都与沙发和室内的主色调一致，给人一种和谐的感受。

⑨ 合理布置装饰画释放墙壁空间感

　　在选择装饰画的时候，首先要考虑的是画所挂置的墙壁位置的空间大小。如果墙壁留有足够的空间，自然可以挂置一幅面积较大的装饰画来装饰。可当空间比较局促的时候，就不应当再选用一幅大的装饰画，而应当考虑面积较小的画。这样既不会产生压迫感，又为墙壁空间留出一片空白，更能突出整体的美感。

镂空的DIY墙面，让客厅瞬间变得个性时尚，也大大提升了视觉空间。

深沉的卧室中，两幅小巧的壁画挂在墙面上，给墙壁一定的留白，具有浓厚的艺术气息。

色彩艳丽的大幅壁画挂在餐桌旁的墙壁上，既有利于增强食欲，又增强了室内空间的色泽度。

⑩ 摆放挂画的几种方式

组合式，装饰中心是一幅主画，两边围绕着装点，物品可以多种多样，有主次分明的视觉效果；错落式，以错落式画框来装饰墙面；平行式，以平行排列方式的图案来起到装饰效果，简洁明了，爽利干脆；架子式，做一个现代博古架安装在墙面上，以强化墙面的装饰作用。

⑪ 在什么位置悬挂画最佳

最好等家具定位后再考虑挂画，挂画的悬挂高度须以家具高度为依据，主要画面中线最好不要高过人的视平线。挂画还有改变屋子高度比例的效果，若室内天花板低矮，最好选竖向画作，反之则适合横向画作。悬挂画作，最简单的方法就是挂在室内最大面积或最醒目的主墙上，或像欧美家居那样，以多张小幅画或照片，以同心或同边方式悬挂。

悬挂在沙发上方的壁画不高也不矮，正好与人的视线相平，方便观赏点评。

这个位置的挂画，坐在椅子上抬头便可看见，繁茂的树木、路上的人，透露着生命的气息。

⑫ 如何通过装饰画改变家居

① 视线的第一落点是最佳位置：人们进家门视线的第一落点才是应该布置装饰画的最好位置，这样你才不会觉得家里的墙面很空，视线不好；同时，还能产生新鲜感。

② 使狭小的空间灵动起来：对于较小空间中墙面上的装饰画来说，可以选择上下错开或品字形方式布置，画不宜太大，一般情况下选择大小为30厘米×40厘米左右的即可，这样会让所在空间显得活泼灵动，让人感觉轻松自在。

⑬ 家居艺术品该如何选择和摆放

家居摆放艺术品要从居室的整体布局出发，根据居室环境来定。如果家里摆放的是老家具，可选购几件造型古朴、色彩浓重的艺术品来点缀；现代家具可配几件有现代特色的艺术品。摆放艺术品要力求立体与背景统一，错落与布局谐调，色彩与气氛一致，量感与质感均衡。

 提示

客厅墙面是家庭装修的重点，切忌挂放年历、印刷品以及根本搞不清有多少张的名画复制品。

在室内走廊中布置一幅简单的装饰画，可以缓解其中的沉闷、乏味感，增添生活的乐趣。

像是静电反应，一颗白色毛球激起涟漪的波纹，这样的挂饰看起来很有气势，也很有特色。

⑭ 根据不同需求选购布置工艺品

对家居艺术品的类型有了明确的认识以后，就可以根据居室功能、居室主人的生活方式、兴趣爱好、文化艺术修养等方面的不同需求选购布置。

一般来说，选择工艺品的最主要因素是看其能否起到美化装饰的作用，这取决于装饰用品的艺术趣味，而不是花钱多的东西就一定有艺术性。当然，如果在选择艺术品时能把装饰功能和收藏功能结合起来，则效果更佳。建议家中的艺术品或装饰物最好有一至两件档次高、造型雅、货真价实的镇室之宝，再搭配一些具有较强装饰功能的普通工艺品即可。而自制的竹编、草编、布饰、挂画、木雕和根雕、插花(塑料花和绢花)等工艺品，如色彩、造型、大小合适，必定会为你的居室增色不少。

⑮ 按工艺分类的艺术品

从制作工艺上来看，艺术品可分为模具制作和手工制作两大类。模具制作的艺术品采用工业模具流水线生产，其特点是开模后批量生产，同一作品千篇一律，缺少个性，更新换代快，价格比较便宜；手工制作的艺术品则比较有个性，每一个都不一样，产品寿命比较长，具有较高的观赏价值和收藏价值。

⑯ 按材质分类的艺术品

从材质上看，艺术品可分为人工合成材料和天然材料两类。前者如树脂产品、合成水晶、陶瓷、铜塑、电子产品、塑料等，产品的实际价值并不大。后者则包括玉雕、天然水晶、木雕、名贵石材等，基本属于稀缺资源，不仅材质本身价值不菲，制作工艺也比较复杂。

17 工艺品的装饰原则

没有装饰效果的工艺品、与家具风格冲突的工艺品、与本人及家人身份不相匹配的工艺品不要摆放。同时，室内工艺品要注意和绿色植物装饰相辉映，这就是所谓的"秩序感"，随意的填充和堆砌会产生没有条理、没有秩序的感觉；艺术品的有序布置则会产生一种节奏感，就像音乐的旋律和节奏给人以享受一样，要注意大小、高低、疏密、色彩的搭配。

18 艺术品的布置摆放要注意艺术效果

组合柜中，可有意放个画盘，以打破矩形格子的单调感；在平直方整的茶几上，可放一个精美花瓶，可丰富整体形象。

19 艺术品的布置摆放要注意质地对比

大理石板上放绒制小动物玩具，竹帘上装饰一件国画作品，更能突出工艺品的装饰效果。

20 要注意工艺品与整个环境的色彩关系

小型工艺品要艳丽些，大型工艺品则要注意与环境色调的谐调。

喜庆的红色与金色相呼应，装饰效果十分明显。

卧室的凹形床头背景墙原本给人一种大气感，而金色的雕刻花蔓镶嵌在上面以后，瞬间给卧室带来了高贵、典雅的贵族风范。

古典的餐厅空间搭配仿真动物的工艺品，给餐厅带来丝丝原生态的气息。

21 艺术品的布置摆放要注意尺度和比例

　　艺术品的布置摆放要注意尺度和比例。小茶几不能摆大泥人，空旷墙面挂个小盘则会显得小气。如果墙面空旷可安装一盏壁灯，再在壁灯周围悬挂一组挂盘。

22 艺术品的布置摆放要注意视觉条件

　　艺术品应尽量摆放在与人视线相平的位置上。具体摆放时，色彩显眼的宜放在深色家具上；美丽的卵石、古雅的钱币可装在浅盆里，放置在低矮处，便于观其全貌；精品多，应隔几天换一次，收到常新之效果；可将小摆设集中于一个角落，布置成室内的趣味中心。

 提示

　　摆放艺术品可遵循一定的黄金比例，例如，前小后大就能突出每个物品的特色。不管摆放任何东西，可先在心底画个三角形，然后把物品根据规格摆放，视觉上就会很舒服，而且层次分明。

　　圆形的客厅像是博物馆的展览柜，环扣式的地板装饰、流苏式的吊灯与窗帘，再加上方形柜上的花瓶，奢华而又优雅的设计即可看出主人的品位。

　　电视柜上的装饰品是很受关注的，例如这尊卧佛，很容易引起人们的注意，并且是笑佛，为客厅增加了欢快的气氛。

㉓ 客厅不宜摆放过多饰品

　　客厅的装饰离不开饰品，适量的饰品能够增加客厅的活泼感和美感，但是过多的饰品则会打破客厅和谐的空间，容易带来杂乱之感，长期在这种环境下生活会导致居住者头昏眼花，不利于健康。

提示

在挑选工艺品时，应首先考虑其美观性。至于它本身的价值是几千、几万元还是几元钱，这些并不是关键，只要它有独特的造型即可，切莫一味求贵。

24 十字绣的保养

　　一幅好的十字绣不但要在绣完后保养好，也应该在绣的过程中注意保养，先介绍一下在绣的过程中应注意的问题。

　　① 当我们处理或进行刺绣工作时，保持清洁是很有必要的，所以在开始刺绣之前或于刺绣工作中，应当经常洗手，防止绣线和布料等材料沾上油污。

　　② 若有使用绣架、绣撑的习惯，应确保于每次停止刺绣工作后，将绣品从十字绣绣架或绣撑上解除，以免绣品因长时间紧绷而沾上灰尘导致留下痕迹。

　　③ 使用绣线时的理想长度大约为0.5米，这样可以有效避免在刺绣工作时绣线出现诸如打结、扭缠、磨损等情况。

　　④ 每次停止刺绣工作后，最好将绣品存放在塑料或密封袋子中，这样可以避免绣品被灰尘、颜料或其他液体弄脏。

　　绣完作品后，其清洗和保养方法如下。

　　① 绣完后，可以把它放在加有中性洗涤剂的凉水中轻轻地按几下，不用揉搓就可以洗干净。最好不要用香皂清洗，因为洗完可能有残留物。

　　② 洗完后，用蒸汽熨斗熨平，熨的时候，桌子上面铺一块布，十字绣的背面朝上，如果上面能再隔一层浅色的布料，熨平效果更好。注意温度不要调得太高，以防止把布料熨坏。

　　③ 熨完以后，如果暂不装裱，就把绣品存放在干净、平整、干燥的地方，这样不会把绣品弄得不整齐，或者再次弄脏。

　　④ 建议绣完后尽快装裱好,不然的话比较难保存。不会装裱的话可以去学一下十字绣装裱方法或者找人帮你装裱。装裱好以后，也要注意防晒防潮。

　　这样一幅美女图放在客厅，任谁看了都会赏心悦目，心情大好。

　　一个"家"字，即可拉近距离，道出温馨。

　　树下抚琴，自然给人一种优雅舒适的感觉，也可看出主人的淡泊之意。

提示

　　十字绣在冲洗干净后从水中取出，平铺在预先准备好的白色毛巾上，然后卷起毛巾，把多余的水分挤压出去，展开后放在通风处晾干，晾干后再从背面熨平。熨烫时要注意从背面前后移动着熨，这样可以使作品更平整，不会伤到十字绣线。

25 儿童房装饰重在安全防护

　　安全性是儿童房设计时需考虑的重点之一。在居室装修的设计上，要避免意外伤害的发生，建议室内最好不要使用大面积的玻璃和镜子；家具的边角和把手应该不留棱角和锐利的边；地面上也不要留有磕磕绊绊的杂物；电源是儿童房间安全性要考虑的另一个主要问题，要保证儿童的手指插不进去，最好选用带罩的插座，以杜绝一些不安全因素。

26 儿童房装饰重在安全卫生

　　玩具可以说是孩子快乐成长的伴侣。在选购玩具时要选易于清洗的布玩具，最好没有响声，颜色也是越浅越好。另外，孩子的玩具还要做到定期消毒。

 提示

儿童房中摆放的玩具或装饰品应该以钢琴、汽车或积木等有利于启迪孩子智力的类型为主，要从小培养儿童的创造力和艺术气息。

　　抽象的油画适合雅致的客厅，可以增加优雅的品位，单调的客厅色彩配以艳丽夸张的油画，使客厅多了一丝暖意。

　　深沉的客厅布置需要有一些颜色鲜艳的装饰来调节气氛，这款紫红色花样抱枕就起到了这样的作用。

CHAPTER ❻
绿色植物

　　绿色植物无疑是使居室变得生机勃勃的最好选择，植物有大有小，样式不同，花色不同，本章为您介绍的便是如何为您的家挑选和摆放植物，使不同的空间带给您不同的心情。

❶ 餐厅的植物布置技巧

餐厅的一角或窗台上适当摆放几盆繁茂的花卉，会使餐厅生机盎然，令人胃口大开。如果就餐人数很少，餐桌比较固定，可在桌面中间放一盆（瓶）绿色赏叶类或观茎类植物，但不宜放开谢频繁的花类植物。餐厅的空间主要是用来品尝佳肴，故不可用浓香的绿色植物，以免干扰食品的香味。另外，如夜来香、天竺葵等气味浓烈、含有毒素的花卉切不可布置餐厅，否则便会使人头昏、恶心、胸闷，影响人们的精神及食欲。

❷ 餐桌区的花卉布置

餐桌区布置的鲜花应无刺、无病虫害痕迹，且花不宜太多太大，不能有刺激性气味，更不能摆放对人体不利的植物。宜选几朵鲜花配以绿叶和满天星，用瓶插即可。还可以用一白色台布作铺垫，上放两三瓶形状各异的洋酒和酒杯，点缀一些亮丽的水果，如葡萄、芒果、柠檬等，再配以少许绿叶和鲜花，使餐桌区的布置别具匠心。

❸ 客厅宜摆放的植物品种

客厅及门厅边上可以摆放高大一点的绿色植物，窗前阳光比较充足，可选用多种不同色彩和形态的植物，如南洋杉、凤梨、非洲紫罗兰等。

提示

客厅中应摆放最有视觉效果、最昂贵的植物，数量不宜多。植物的选择应注意中、小搭配，并应放在靠角位置。

叶芯发白的植物配以白色的花盆，不经意间形成呼应，植物向上生长不垂落，小巧可爱。

❹ 客厅花多眼睛会不舒服

客厅摆放植物要少而精。摆放太多会破坏环境的整体感，不仅难以起到调节心情的作用，还会造成视觉疲劳。

细碎的藤蔓交错缠绕，带来的不仅是浪漫，还有淡淡的宁静，让人忍不住去关注它。

❺ 客厅布置植物的注意要点

　　客厅布置植物要注意两点：一是放置的植物不要阻塞通道；二是植物的布置应尽量靠边，客厅中间不宜放高大的植物。

❻ 书房中适合摆放的植物

　　书房是读书、写字、绘图、用电脑的房间，是文雅、静谧和有序的地方，因此要以文静、秀美、雅致的植物来渲染文化气息，如文竹、吊兰、棕竹、芦荟、绿萝、常青藤等，或摆放小山石盆景，给文静的书房增添一份雅致，并能缓和视觉疲劳和脑神经的紧张。

❼ 适合厨房摆放的植物

厨房环境应考虑清洁卫生。植物植株也应清洁、无病虫害、无异味。厨房因易产生油烟，摆放的植物还应有较好的抗污染能力，如芦荟、水塔花、肾蕨、万年青等。若选择蔬菜、水果材料作成插花，既与厨房环境相谐调，亦别具情趣。

❽ 卫生间该放什么植物

由于卫生间湿气大，冷暖温差大，养殖有耐湿性的绿色观赏植物，可以吸纳污气，因此适合摆放蕨类植物、垂榕、黄金葛等。当然，如果卫生间即宽敞又明亮且有空调的话，则可以培育观叶凤梨、竹芋、蕙兰等较艳丽的植物，把卫生间装点得如同迷你花园，让人乐在其中。

❾ 卫生间布置植物的作用

卫生间通常有背阴、湿气大的问题，可以选择吊兰、绿萝等易于在背阴处生长又性情泼辣的绿色植物，不仅能够愉悦人的视觉，给这个狭小的空间带来生气，还可以起到一定的净化空气、制造氧气的作用。

这样绝美的搭配是很少见的，很像是一件工艺品，任凭人们去观赏，娇小的叶子很适宜摆放在卫生间，以点缀气氛。

提示

卫生间的植物要注意摆放位置，尽量避免肥皂或者香皂泡沫飞溅进去，对植物造成伤害。

⑩ 卧室宜摆放的植物品种

卧室要摆放一些形态小一点的植物，并且数量不宜过多，否则会不利于夜间睡眠。

⑪ 儿童房的植物摆放

儿童房可以摆放一些颜色艳丽一点的植物，但不要摆放仙人掌、仙人球等有刺的容易伤害儿童的植物。

出色的花艺设计也是装扮空间的一种手段，修剪精致的盆栽相比其他装饰品更加抢眼。

⑫ 适宜走廊摆放的绿色植物

室内的走廊都不会太宽，而且家人经常来往于其中，所以在选择植物时应该选用小型盆栽，例如袖珍椰子、蕨类植物、花叶芋等，还可以根据走廊墙面的颜色选择不同种类的植物。

⓭ 玄关该放什么植物

摆在玄关的植物，宜以赏叶的常绿植物为主，例如铁树、发财树、黄金葛及赏叶榕等。而有刺的植物如仙人掌、玫瑰、杜鹃等则切勿放在玄关处，以免破坏那里的环境，而且玄关植物必须保持长青，若有枯黄，就要及时更换。

⓮ 立体绿化居室的植物

在家居周围栽种爬山虎、葡萄、牵牛花、紫藤、蔷薇等攀援植物，让它们顺墙或顺架攀附，形成一个绿色的凉棚，可有效减少阳光辐射，大大降低室内温度。

⑮ 巧用绿色植物改善环境

阔叶常绿植物摆放在居室中能改善环境，所选的植物最好是常绿植物，并选择那些叶形圆润而宽大的品种，取其圆满丰大和常绿的意思。比较适合的品种有金钱树、君子兰、发财树、招财树、鸿运当头等，都有很好的象征意义。

阔叶的大型绿植布置在室内很有装饰效果和美好寓意，摆放在窗户边更显活力与精神。

提示

蕴意吉祥的植物品种包括：柑橘，与"吉"谐音，所以盆栽柑橘成为家庭的常见摆设；吉祥草，造型小巧，终年青翠，泥中水中均易生长，象征吉祥如意，也叫瑞草；灵芝，自古视作祥兆；梅花，其五片花瓣被认为是五个吉祥神。

⑯ 绿色植物的作用

吊兰、芦荟、虎尾兰能大量吸收室内甲醛等污染物质，消除并防止室内空气污染；茉莉、丁香、金银花、牵牛花等花卉分泌出来的杀菌素能够杀死空气中的某些细菌，抑制结核、痢疾病原体和伤寒病菌的生长。

本已温馨的卧室在绿色植物的点缀下更显温暖与亲切，不禁让人想起温暖阳光下的小草，可爱至极。

大盆植物搭配的客厅，让人感受到的是大气与沉稳，既起到了装饰作用，也绿化了室内环境。

17 能驱蚊虫的植物

万寿菊有一种冲鼻气味，蚊虫不敢接近它，是一种特殊的优良天然驱虫剂。

薰衣草是一种蓝紫色小花，原产地为地中海，花形像小麦穗，通常在六月开花。薰衣草本身具有杀虫效果，人们将它做成香包放在衣橱中，也有放在卧室的，用于驱蚊。

薄荷含有一种很强的挥发油，蚊蝇闻到这种气味就会逃跑，不仅能驱虫，而且无毒，适合养在卧室。被蚊叮虫咬后，用它的叶熬水敷用，有清凉、消炎、止痒等效果。

茉莉花花香浓郁，夏季置于室内能杀死结核、痢疾、白喉杆菌，蚊虫避而远之。

单一的白色让这个客厅看起来沉静极了，而那抹简单的绿色带动出一丝灵动与优雅。

绿色植物分别摆放在卧室的床头、床尾以及墙角，是这个空间的主要装饰品，不禁让人觉得空气中似乎都是青草的味道，清新扑鼻。

 提示

植物比例的平衡也很重要，叶大而简单的植物可增加客厅富丽堂皇的氛围，而形态复杂、色彩多变的观赏植物可使单调的房间变得丰富。叶小、枝呈拱形伸展的植物可使狭窄的房间显得比实际更宽敞。

红黑色的大花瓶里插上几株绿色植物，大胆创新的设计不仅打动了来访的客人，而且使室内充满了灵动的气息。

18 植物对抗装修污染

常青的观叶植物以及绿色开花植物可以消除室内多种有毒的化学物质。吊兰、扶郎花(又名非洲菊)、金绿萝、芦荟、蓬莱蕉和紫露草等绿色植物主要吸收甲醛。耳蕨、常青藤、铁树、菊花能分解两种有害物质，即存在于地毯、绝缘材料和胶合板中的甲醛和隐匿于壁纸中对肾脏有害的二甲苯。扶郎花、菊花则善于消除空气中的苯。红鹳花能吸收二甲苯、甲苯和存在于化纤、油漆中的氨。龙血树(巴西铁类)、雏菊、万年青等可清除三氯乙烯。

19 哪些植物能去除氨气

白掌是抑制人体呼出的废气如氨气和丙酮的"专家"。同时，它也可以过滤空气中的苯、三氯乙烯和甲醛。它的高蒸发速度可以防止鼻粘膜干燥，使患病的可能性大大降低。垂叶榕可以提高房间的湿度，同时可以吸收氨气、甲醛、二甲苯，并净化浑浊的空气。合果芋能够提高空气湿度，并可以吸收大量的甲醛和氨气。

如此富有诗书气息的盆栽，谁看了都会爱不释手吧，卷起的竹简，两盆不同的植物，很适合书房摆放。

高大的植物适宜摆在客厅，细窄的叶子，黑色螺纹的花盆，棕色的枝干在叶子间若隐若现，无处不透露出大气。

提示

花粉也是过敏性鼻炎病人的发病诱因，并且花盆中泥土产生的真菌孢子会扩散到室内的空气中，能侵入人的皮肤、外耳道、脑膜等部位，也会使患有疾病、体质不好的人雪上加霜。

20 植物摆放注意环境

　　选择植物时还要考虑你的居室环境是否适合其生存，如光照、温湿度、通风条件等，并要注意植物和空间及环境的谐调，尽量按自己的空间大小来摆放植物。如空间比较大，采光比较好，可以选择高大一点、阳性强一点的植物。

提示

书房适宜摆放红掌、兰花等清爽淡雅的植物，以调节神经系统，消除工作和学习产生的疲劳，并且与浓郁的书香相得益彰。如在书桌上点缀几株清秀俊逸的文竹、铁线蕨，婀娜娇俏的仙客来、碗莲都是理想的选择。

21 植物摆放注意数量

在购买绿色植物的时候要明白居室内并不是摆放植物越多越好，特别是卧室，一般较封闭，植物摆放的数量不宜太多，而客厅一般摆放两到三盆就可以了。有的家庭就因为摆了过多的吸氧性植物而使室内空气变得稀薄，严重影响了生活。可见，摆放植物也是需要科学和技巧的。

22 不同季节的室内绿化装饰

春季，以一些多姿多彩的盆花或插花和叶色鲜丽的室内观叶植物，如花叶芋、蟆叶海棠、彩叶草、三色凤梨等装饰室内，可营造出赏心悦目的氛围，让人感受到春天的清新和美好。炎夏，淡雅素洁的冷水花、白网纹菜，雪肤冰肌、清芬见溢的栀子、珠兰、茉莉能带来几分丝丝凉爽。秋季，则可通过各色菊花、红叶、芦苇、秋果等盆景或插瓶使人感到秋天的绚烂与丰美。寒冬，绚丽的花叶芋、顶叶艳若朱泵的工品红、灿似繁星的瓜叶菊等又可为居室增添几分温馨热烈、盎然春意。

23 植物摆放考虑"互补"功能

家里摆放植物应考虑"互补"功能，大部分植物是晚上释放二氧化碳，吸收氧气，而仙人掌类的植物是晚上释放氧气，吸收二氧化碳，如果把这些具有"互补"功能的植物放于一室，则可平衡室内氧气和二氧化碳的含量。

洗漱台上的花草，不大不小，正好抬眼可见，碧绿的色彩，点缀了卫浴间单调的气氛。

宽大的枝叶像蒲扇，也像伸出的手掌，在向人们友好地招手。

 提示

餐桌摆放植物时要注意选用形态低矮的植物，这样才不会妨碍相对而坐的人进行交流、谈话。

24 植物净化要得当

① 中低度污染可选择植物加以净化。当室内污染值在国家标准3倍以下时，采用植物净化能达到比较好的效果。

② 根据房间的不同功能、面积大小选择和摆放植物。一般情况下，10平方米左右的房间放两盆约1米高的植物比较合适。

25 不适于室内种植的植物

兰花：它的香气会令人过度兴奋而引起失眠。紫荆花：它所散发出来的花粉如与人接触过久，会诱发哮喘症或使咳嗽症状加重。月季花：它所散发出来的浓郁香味会使一些人产生胸闷不适、憋气与呼吸困难等症状。百合花：它的香味也会使人的中枢神经过度兴奋而引起失眠。夜来香（包括丁香类）：它在晚上会散发出大量刺激嗅觉的微粒，闻之过久，会使高血压和心脏病患者感到头晕目眩、郁闷不适，甚至病情加重。 松柏（包括玉丁香、接骨木等）：松柏类花木的芳香气味对人体的肠胃有刺激作用，不仅影响食欲，而且会使孕妇感到心烦意乱，恶心呕吐，头晕目眩。 洋绣球花（包括五色梅、天竺葵等）：它所散发出来的微粒如与人接触，会使人的皮肤过敏而引发瘙痒症。

透明的玻璃瓶设计不仅容易刷洗，而且能够亲眼观察到植物的生长过程。

26 含有毒素的植物

① 含羞草：它体内的含羞草碱是一种毒性很强的有机物，人体过多接触后会使毛发脱落。

② 夹竹桃：它可以分泌出一种乳白色液体，接触时间长了，会使人中毒，引起昏昏欲睡、智力下降等症状。

③ 郁金香：它的花朵含有一种毒碱，接触过久会加快毛发脱落。

④ 黄花杜鹃：它的花朵含有一种毒素，一旦误食，轻者会引起中毒，重者会引起休克，严重危害人的身体健康。

27 哮喘病人家中不宜养花种草

哮喘发作很容易受外界环境的影响，与人本身的体质有很大关系，常常由于花粉、柳絮等过敏源引发，甚至加重病情。因此，哮喘病人的家里最好不要养花种草，否则，不仅不利于病人的康复，花卉里散发出的花粉反而会加重病人的病情。

提示

鲜花也能给家居增添活力和能量，其色泽与外形会影响住宅的环境。凋谢枯萎的花朵会有负面的影响，对花卉必须每天勤于换水并裁减花茎，使其功效持久，同时注意最好不要使用干花。

CHAPTER **7**

餐桌上的饰品与餐具

　　餐厅是一家人共聚用餐的地点，其环境的布置直接关系到家人的心情与食欲，本章为您介绍的便是如何布置餐桌上的饰品与餐具，这不仅会使您餐厅的整体品位得到提高，也能使您用餐的气氛和心情更加愉快。

❶ 如何布置精美餐桌

　　吃饭，其实很多时候并不在于吃什么，而是更看重就餐的环境。所以我们在布置餐桌时，要选择一套适合自己家居氛围的餐具，餐具的风格要和餐厅的设计相得益彰，更要衬托主人的身份、地位、职业、兴趣爱好、审美品位及生活习惯。一套形式美观且工艺考究的餐具还可以调节人们进餐时的心情，增加食欲。有些餐具本身就是很好的装饰物，五颜六色的碗，晶莹剔透的杯，让人爱不释手。目前，市面上比较流行骨瓷餐具，洁白无瑕的盘子上有手绘的荷花、菊花，似乎也让人闻到了花香，就着花香吃饭真是一种享受。素净的桌布，配以白色的野花也好，一束娇艳欲滴的红玫瑰也罢，或是最简单的一盆绿色植物，都能表达出主人对于生活的赞美。鲜花可以插在玲珑的玻璃瓶中，在阳光的折射下水滴显得分外晶莹；如果喜欢简洁的现代风格，曲线完美的磨砂瓶应该是不错的选择。

　　深褐色的餐桌本来气氛沉重，但搭配浅橙色的坐垫和餐垫，便多了些可爱，使人增加食欲。

　　淡橙色的椅套，开着红花的绿色植物，无一不是增加食欲的色彩，镜子里吊灯的光芒若隐若现，营造出浪漫的氛围。

❷ 少用塑料装饰

塑料本身对人的健康无明显危害，塑料对人健康的损害来源于制造塑料时留在塑料中的游离单体和各种助剂以及塑料遇热时分解的热解产物。塑料本身虽不会致癌，但是塑料中含的游离单体可致癌。塑料遇热产生热解物，对人的影响，轻者有一般的呼吸道刺激症状，重者可出现化学性肺炎和肺水肿。所以在选择餐具或布置餐桌时应注意这一点。

❸ 餐桌桌布的搭配

餐桌桌布的颜色最好以素色为主，如奶白色、淡黄色，或以白为基色配以能刺激食欲的明亮颜色。注意保持桌布干净，需要时可以加一个防滑垫。

❹ 餐具选择小技巧

在选购陶瓷餐具时，应注意选择装饰面积小或是安全的釉下彩或釉中彩的餐具，不要选择对人身体有害的釉上彩餐具。釉上彩瓷很容易用目测和手摸来识别，凡画面不如釉面光亮、手感欠平滑甚至画面边缘有凸起感者要慎购，避免造成伤害。

实木餐桌椅，天然纹理，简洁设计，搭配蓝白色的桌布，透露出自然淳朴的气息。

柔软的沙发式椅子使您在用餐时身体得到充分休息，淡雅的插花与乳黄色桌布的搭配，进一步烘托了就餐氛围。

 提示

市面上有经济耐用的PVC桌布，质感清新、图案丰富的纯棉桌布和透气厚实、有蜡染图案的亚麻混纺桌布任你选择。铺法上，除了常规的单层法，还可用双层法，将颜色较浅或者花纹简单的一块铺在下面，上层则铺图案复杂、色彩鲜艳的桌布，更可用同一色系不同深浅的桌布来搭配。

❺ 银餐具的保健作用

白银有杀菌作用，用银餐具盛食物不易发酵变酸；银化合物可治疗烧伤，包敷伤口；银筷子可检测食物中含硫的毒剂。

❻ 银餐具的弊端

现在城市自来水净化后常含有漂白粉或氯气，对白银有严重的侵蚀作用，侵蚀后的白银会失去光泽，产生白色的氯化银。臭氧也会导致白银变黑。如日常生活中用的负离子发生器、消毒柜都不宜接触白银餐具。

银餐具优雅高贵，彰显着主人的生活品位。

❼ 银餐具的去锈除污

银器生了锈，可用牙膏擦拭，不仅可以很快擦净，而且可擦得光亮如新。

❽ 竹木、纸制、玻璃和塑料餐具使用技巧

① 竹木餐具本身不具毒性，但易于被微生物污染，使用时应刷洗干净。② 纸制餐具外层多附着有塑膜或腊，不要盛放刚出锅的食物。③ 玻璃餐具有时会"发霉"，用肥皂等碱性物质洗刷后即可去掉霉点。④ 塑料餐具含有氯乙烯致癌物，长期使用会诱发癌症。

 提示

密胺餐具又称仿瓷餐具，具有轻巧、美观、耐低温、耐煮、耐污染、不易跌碎等优点。消费者选购时，首先要注意应该到正规的地方去买，不要贪图便宜；同时，选购时要注意器具是否有变形、色差、表面是否光滑、底部是否有不平、贴花图案是否清晰、是否有起皱以及气泡等现象。

❾ 铝制餐具、铁制餐具和铜制餐具使用技巧

① 铝制餐具：铝在人体内积累过多会引起动脉硬化、老人骨质疏松、痴呆等症。因此，应注意不要用饭铲刮铝锅。另外不宜用其久存饭菜和长期盛放含盐食物。② 铁制餐具：生锈的铁制餐具不宜使用，因为铁锈可引起呕吐、腹泻、食欲不振等症状。另外，还要注意油类不宜长期放在铁制器皿内，因为铁极易被氧化腐蚀。③ 铜制餐具：生锈之后会产生"铜绿"，即碳酸铜和蓝矾，都是有害物质，可使人发生恶心、呕吐，甚至导致严重的中毒事件。

❿ 铁餐具不要与铝餐具混用

人体内的铝积累过多，易导致智力下降、记忆力衰退、老年性痴呆等症状。铁制餐具安全性较好，应提倡使用铁锅、铁铲、铁勺等铁制餐具。若铁铝餐具混合使用，因铝的质地不够坚硬，使用过程中餐具间发生摩擦可能造成铝屑脱落，遇酸性或碱性物质易形成铝离子进入人体，而且当食物成为电解液时，铝和铁还可形成化学电池，铝离子也会进入人体，时间长了将危害健康。

⓫ 陶瓷餐具和搪瓷餐具使用技巧

① 陶瓷餐具：陶瓷彩釉含有铅，铅具有毒性，人体摄入过多就会损害健康。② 搪瓷餐具：含有硅酸铅之类的铅化合物，如果加工处理不好会对人体有害。购买搪瓷餐具时应选工艺精湛的优质产品。

⓬ 劣质陶瓷餐具铅溶出量超标

陶瓷颜料中含有铅、镉，用陶瓷餐具装醋、酒等有机含量高的食品时，餐具中的铅等金属可能会溶出。只有使用优质的餐具，其铅溶出量指标才可能安全，而一些小型陶瓷企业生产的劣质餐具，其铅溶出量往往超标。在买餐具时，最好别买色彩很浓艳、内壁带有彩绘的劣质餐具，即使是合格餐具，最好也别用彩色陶瓷餐具去装酸性食品。

家用餐具还是不锈钢的最为环保，既不会出现打碎的危险，也不会出现餐具污染。

提示

业主在选择餐具时可以按照以下4个步骤辨别餐具是否安全卫生：望，即看餐具包装上是否印有生产厂家的明确信息，将覆膜打开后，看餐具有无水滴、油污；闻，即闻是否有异味；问，可询问卖家餐具来源、营业执照等相关资料；摸，即摸手感，合格的餐具摸起来手感发涩。

乳黄色的木制家具，搭配纯白色的椅套，让居室看起来自然清新，咖啡香槟，偶尔享受一下，也别有一番情调。

⓭ 忌用各类花色瓷器盛佐料

佐料最好用玻璃器皿盛装。花色瓷器含铅、苯等致病、致癌物质。随着花色瓷器的老化和衰变，图案颜料内的"氡"会对食品产生污染，对人体造成伤害。

⓮ 正确使用不锈钢餐具盛放食物

不锈钢餐具不可长时间盛放盐、酱油、热汤等。这些食物中含有许多电解质，长时间盛放，不锈钢会像其他金属一样，与这些电解质发生电化学反应，使有害金属元素析出。因此不锈钢餐具不可长时间盛放强酸性食品，如牛肉、猪肉、瓜、大豆、薯类、白糖、啤酒等，以防铬、镍等金属元素溶出。

⓯ 不锈钢餐具洗涤禁忌

切勿用强碱性或强氧化性的化学药剂如苏打粉、漂白粉等洗涤不锈钢餐具，因为这些物质都是电解质，会与不锈钢发生化学反应，从而产生对人体有害的物质。

深浅色花纹的桌垫使餐桌富有个性，再搭配一盆小小的植物，餐桌会变得灵动许多。

不锈钢餐具相比其他材质的餐具会更加耐用一些，不会破损或掉漆。

不锈钢的刀叉不易弯折破碎，持久耐用。

⓰ 怎样鉴别仿瓷餐具

不合格的仿瓷餐具由于甲醛溶出量超标、颜料脱色等会给人体健康带来巨大危害。只要不用于超高温的环境下，合格的仿瓷餐具还是可以放心使用的。但是仅看外观，消费者很难分辨仿瓷餐具的优劣，必须进行相关试验才能辨别，比如用水浸泡或者盛放高温食物时，劣质餐具中的甲醛或者颜料可能会"跑"出来，发出刺鼻的气味或发生掉色发白现象。专家建议，不管是仿瓷餐具，还是陶瓷、不锈钢等餐具，即使购买的是合格产品，由于其在生产过程中或多或少会残留部分有害物质，因此在使用前最好都要处理一番，一方面灭菌消毒，另一方面也可以促进残留的有害物质溶解或挥发。推荐的方法一个是用醋浸泡2个小时，另一个就是用水煮沸5分钟左右，然后让餐具浸泡至自然冷却。

⓱ 忌用雕刻镌镂的竹筷

雕刻的竹筷看似漂亮，因其藏污纳垢，不易清洗，滋生细菌，容易致病。

18 不要使用油漆筷子

使用油漆筷子有慢性中毒的危险。油漆属高分子有机化合物，往往含有毒有害的化学物质，尤其是黄色油漆，用含铅和铬的黄色颜料配制而成。长时间使用油漆筷子，表面油漆脱落后进入人体，铅和铬等都是有毒物质，人体内蓄积过多，有造成慢性中毒的危险。

棕色的原木餐桌在灯光的照射下有种恍惚的迷离感，此时，暗红色的花朵与餐布在白色桌垫的衬托下更加突出了就餐气氛。

⑲ 西餐餐具的布置

西餐餐具主要是刀、叉、匙、盘、杯、碟等。餐具一般在用餐前就摆好。放在每人面前的是食盘或汤盘，左边放叉，右边放刀。刀叉的数目与菜的道数应该相当。还要注意，吃鱼、肉、菜的刀叉有一定的区别。

⑳ 儿童餐具的注意要点1

宝宝不宜用容易破碎的餐具，这一方面会造成浪费，另一方面还可能划伤孩子，此外也容易使孩子丧失学习自行用餐的信心。过大或过小的餐具也不适合宝宝使用，过大的餐具孩子的小手不易掌控，而过小的餐具又可能使得孩子用餐时汤汤水水溢出，等于人为地给孩子学习自行用餐增加了难度。大人的餐具也不适合宝宝使用，一般餐具是为成年人设计的，无论从体积还是重量上对孩子都不适合。此外跟大人合用餐具的另一害处是容易把大人的疾病传染给孩子。

不锈钢勺子大气、简单，且勺面较大，很适合儿童使用。

21 儿童餐具的注意要点2

西式餐具不适合宝宝使用，西式餐具中的刀、叉都既坚硬又尖锐，容易将孩子的口唇刺破。如果孩子跌倒，还容易造成更严重的外伤。不少父母认为，既然用筷子有助于孩子的智力开发，那么理应让孩子尽早学会用筷子。然而筷子的使用须通过手部、腕部、肘部、臂部甚至肩部的多个关节的精确协调配合，并不是5个手指的简单屈伸动作。因此，孩子在2周岁之前学用勺子吃饭更为适宜。宝宝不宜用彩色餐具，彩色餐具可吸引孩子的眼球，但绘图所采用的化学颜料对儿童健康却有极大危害。如陶瓷类餐具上的彩图是以彩釉绘制的，而彩釉中含有大量的铅。酸性食物可以把彩釉中的铅溶解出来，由此便可能与食物同时进入儿童体内。

22 怎样去除餐具怪味

在洗碗水中放几片柠檬皮和橘子皮，或者滴几滴醋，有助于消除碗碟餐具上沾到的鱼腥味和葱蒜的臭味。同时，它还能使硬水软化，并且能增加瓷器的光泽感。

提示

要将平日自己使用的桌布和来客时使用的桌布分开。

有客人来访的时候，使用旧的桌布不免会有些失礼。为了应急，平时可以事先准备几款整洁新鲜的桌布，没有必要选择太过豪华的类型，具有清洁感的素色或者自然面料等就足够了。如果能有一款白底带刺绣的样式，效果会更加完美。

平常使用的桌布，要选择数款自己情有独钟的(相同的)款式交替使用。根据喜好不同而使用不同款式的桌布，不如准备几块自己喜欢的同样的桌布替换使用，虽然也会有人认为变换图案会带来好的心情，但一般真正能够使自己心情放松的还是自己经常使用的那种简约而整洁的款式。

如果桌布被弄破了，可以在上面嵌上刺绣或镶上花饰来加以弥补。

23 家用餐具如何消毒

餐具上常会沾染各种细菌、病毒和寄生虫卵，家用餐具经常消毒，是防止"病从口入"的一种办法。消毒前，应先将餐具洗净，用热水或碱除去油垢，以使消毒效果更好一些。

消毒的方法有：① 煮沸消毒。将碗、筷、抹布等餐具放在锅里煮沸3~5分钟，捞出晾干，不要用未煮过的抹布擦拭，以防污染，然后置于洁净的橱柜中。② 蒸汽消毒。把餐具放到锅里，将水烧开，隔水蒸5分钟，就可达到消毒目的。③ 漂白粉消毒。2.5千克水加漂白粉0.001千克，就成漂白粉溶液，将餐具浸泡在该溶液中5分钟即可。

瓷质的小茶壶很精巧，要经常擦洗，才不会留下污垢。

24 烛台的材质有哪些

市场上烛台的款式比较多，可以根据居室的装修风格选择合适的烛台。在材质上，以铁制烛台居多，能与任何空间风格很好地搭配；现在，玻璃、陶瓷、木材等也都成为烛台材质的应用范畴。

25 安全使用烛台

盛水的玻璃器皿烛台是所有烛台中安全性能最高的，不仅外观绚丽，可自成一件装饰品，而且蜡烛燃烧完后会自然被水浸湿，所以放在餐桌或者书桌边都能让人放心。还应注意的是，不要将点燃的蜡烛放置在窗户旁或通风处，家中的小孩子和宠物最好远离蜡烛和烛台。

26 用烛台装饰餐厅

红酒、烛光、晚餐……浪漫的进餐氛围离不开烛台的点缀，餐桌上最适合摆放一对造型别致的"情侣"烛台，或现代，或复古，都能营造出浪漫的氛围。烛台在现代家居生活中主要强调其装饰功能，不同的家居风格应该挑选与其搭配的烛台。

偶尔一次的烛光晚餐是浪漫的，或是仿烛台的吊顶，或是桌上的简易蜡烛，都是制造气氛不错的选择。

 提示

铝锅属淘汰厨具。因其抗腐蚀性能差，遇弱碱、弱酸、盐等物质会发生化学反应，生成特殊的化合物，故菜肴、酒、味精等不应装在铝制容器中过夜。还有鸡蛋也不宜在铝锅中搅拌，因为蛋清遇到铝会变成灰白色，蛋黄则变成绿色。剩饭、剩汤等也不应在铝制容器中过夜。

大型灯罩里的光芒照在鲜艳的花朵上，闻着花香，映着灯光，咀嚼牛排，何其浪漫。

墨绿色的椅套搭配木质的餐桌，使这个餐厅的气氛更加严肃，单调的色彩搭配，虽然华丽却很紧张，只有通过灯光来调节气氛。

27 餐桌上装饰品的呼应效果

　　餐厅布置和装饰旨在给人们营造良好的用餐氛围，所以切记不可出现矛盾或冲突。餐桌上摆放的装饰品应该与室内整体或局部空间形成呼应效果，以免让人觉得有些突兀。

提示

复古风格的烛台配搭古典欧式或中式家居为宜，而现代感设计的烛台无论造型是简洁还是繁琐都可以与任何风格的家居配搭。